基礎花樣×飾品應用

令人著迷の梭編蕾絲小物設計

絕對不NG步驟圖解

完美編結小巧可愛的花樣蕾絲

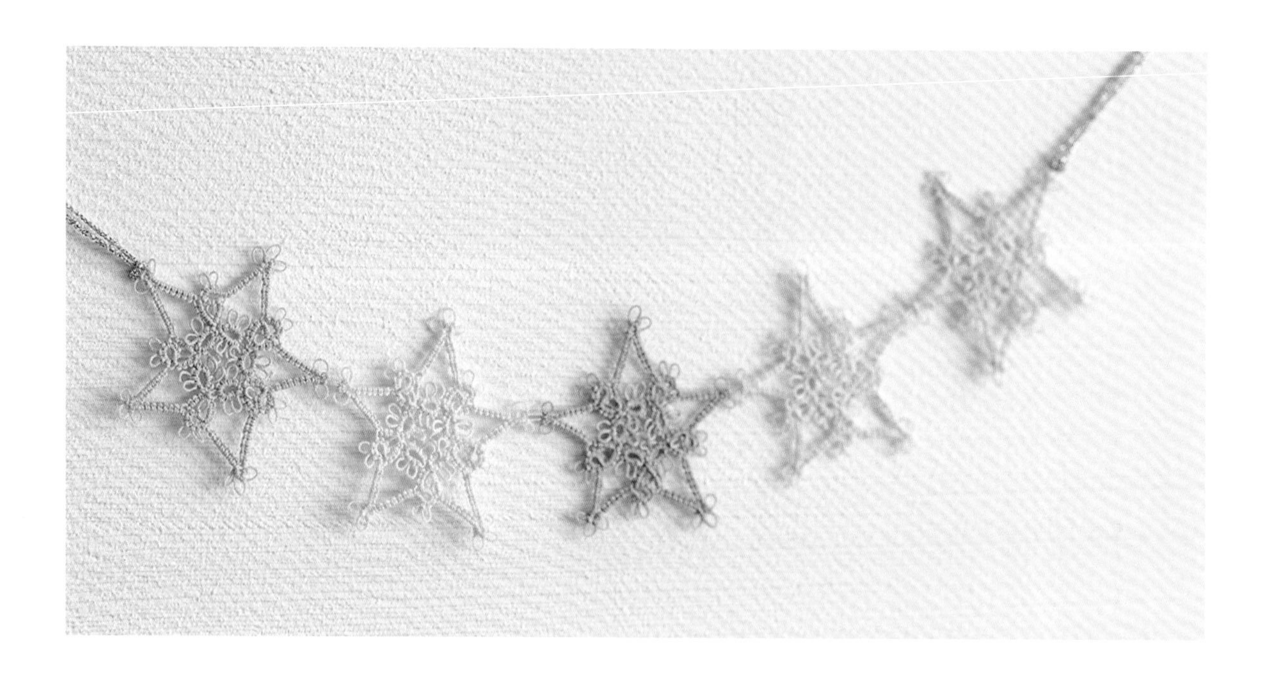

花片→作品

❖ 使用1個梭子

P.16-P.17

P.18

P.19

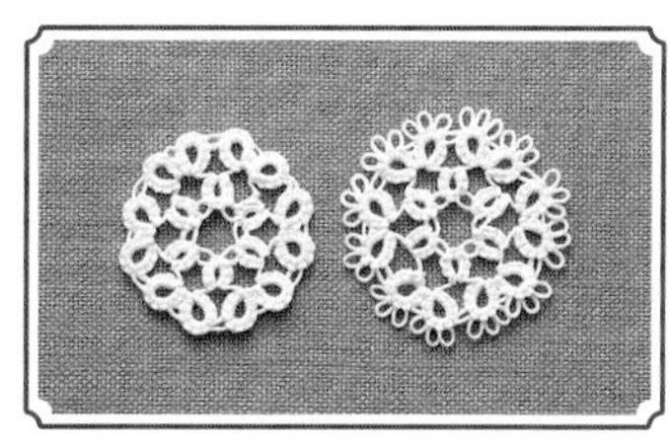

P.19

❖ 使用梭子&線球

P.32-P.33

P.32-P.33

P.34-P.35

P.36

P.37

P.38

P.39

❖ 使用2個梭子

P.50-51

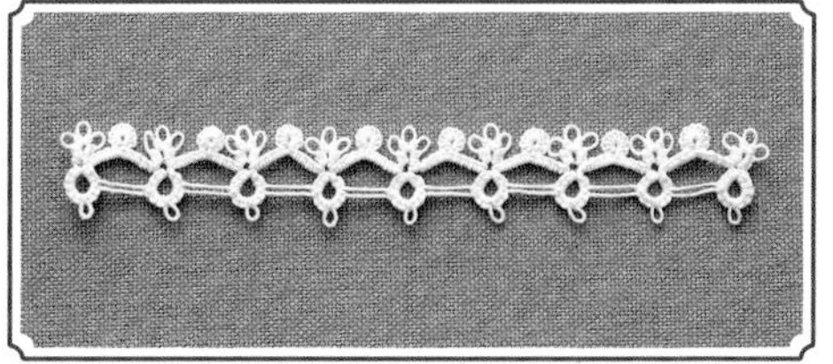

P.52

P.53

P.54

contents

技法索引

線球&梭子數量→作品

MUCHOMŮRKY
MUCHOMŮRKA ČERVENÁ
MUCHOMŮRKA ŠEDÁ
POŠVATKA OBECNÁ

梭編蕾絲的基礎技法

備齊必要的工具＆材料後，熟練基本的編結方法吧！

❖ 工具

梭編用梭子

小船般造型的纏線工具，梭子前端的尖角用於鈎線及拆線都相當方便。另有可捲繞大量線材的大號梭子。

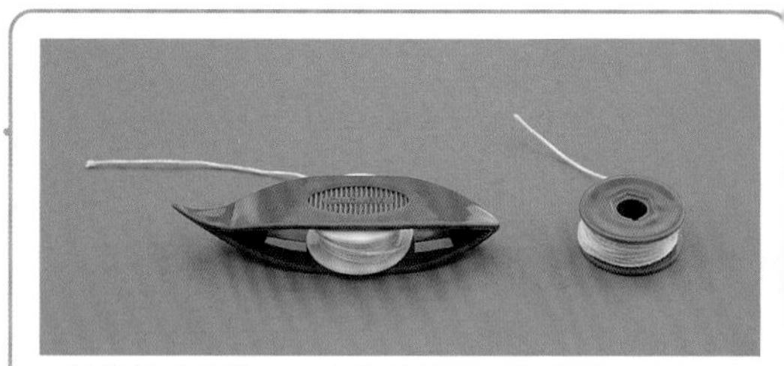

可替換梭芯的梭子。內部的梭芯可自由拆裝，因此可以輕鬆地進行換色或繞線。

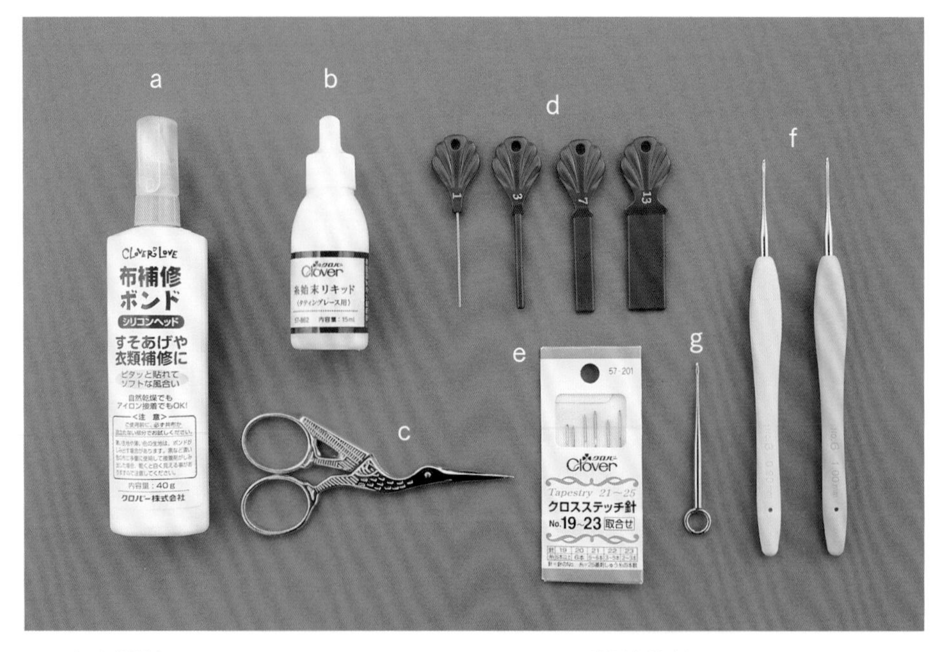

a…手藝用白膠

處理線端時使用。建議挑選擠出口較窄＆乾燥後呈透明狀的白膠，較方便好用。

b…線端防綻液

線端收尾時使用。可用來完全固定線端打結處，即便在結目邊緣剪線，也不易鬆脫綻線。

c…線剪

剪線時使用。建議挑選刀刃前端逐漸收尖，鋒利好剪的手藝用剪刀會較為方便。

d…梭編蕾絲飾環量規

編織長耳時，或想要統一耳的長短時使用。（使用方法參照P.59）

e…十字繡針

作品完工時或線端收尾時使用。由於針頭較圓，因此適用於細線。

f・g…蕾絲鉤針

鉤出纖細處的蕾絲線時使用。請配合線的粗細來挑選鉤針的號數。g為進行梭編蕾絲時，方便好用的短鉤針。

工具提供　Clover株式會社

❖ 線材

線材使用蕾絲線。
#號數越大，表示線材越細。即使#號碼相同，也會因廠商的不同，而產生線材差異的情況。
使用的線越細，完成的作品就越纖細精美。

※本書所有作品皆僅使用少量的線材，因此作法頁中並無標記用量。

即使編織相同的花片，依使用的蕾絲線粗細差異，成品的大小或完成後給人的印象也會不同。

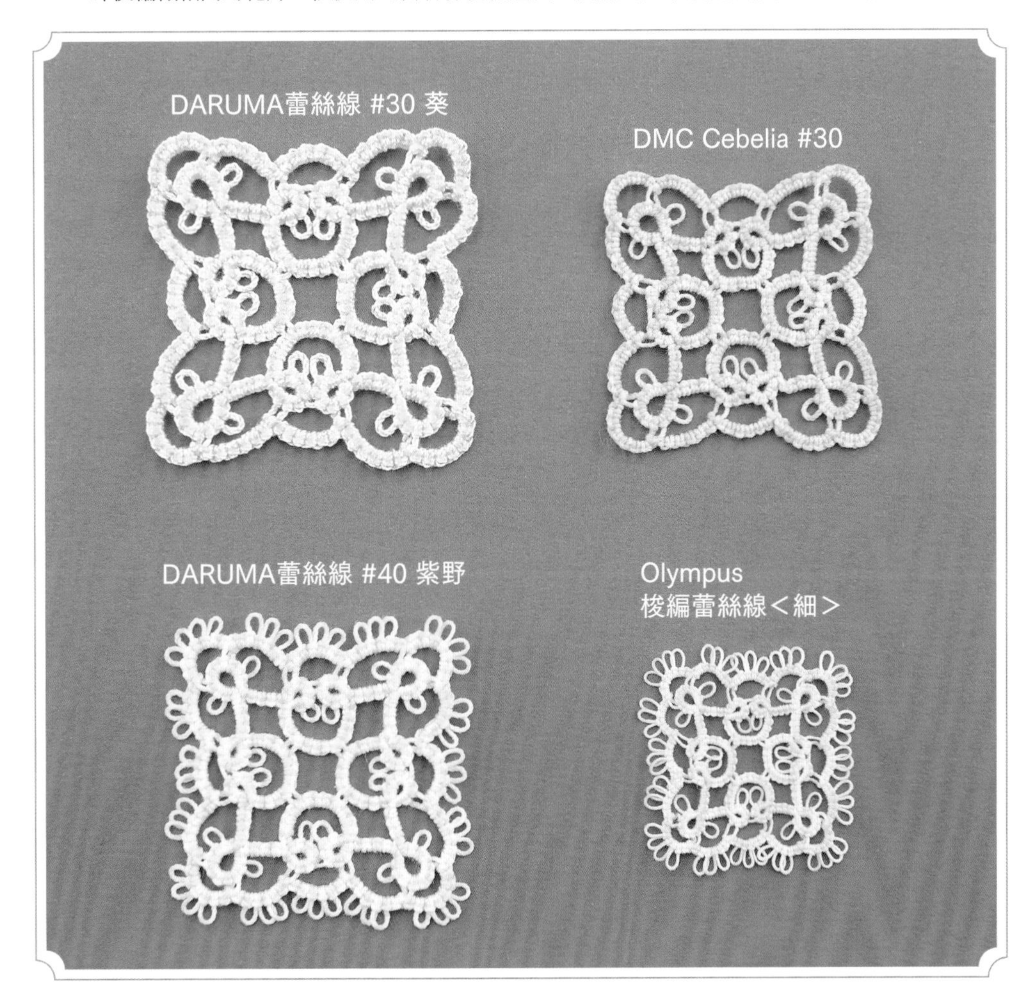

※圖中的花片大小幾乎為原寸大。

❖ 基本的「結目」

梭編蕾絲是以所謂的「Double Stitch」的1個基本結目，連續穿梭編織而成。

基本的1目表裡結（Double Stitch）

一條為芯線，另一條線依「表結」、「裡結」的順序，於芯線上穿梭打結，完成基本的1目表裡即為Double Stitch。這個表結＆裡結形成的1組結，即算作1目。

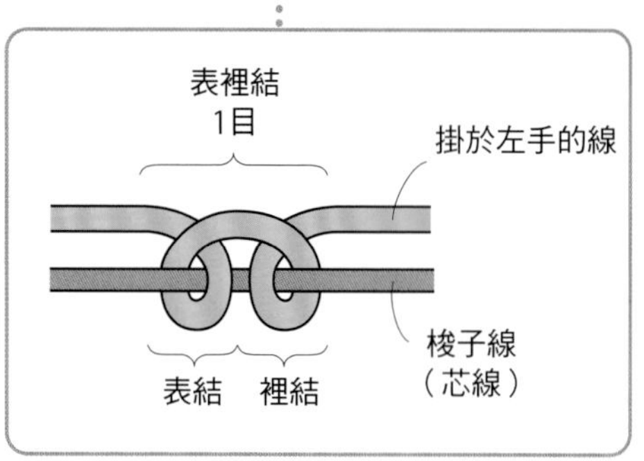

重復編織2次表裡結後，完成2目的模樣。目與目之間不留間隔，連續編織結目。

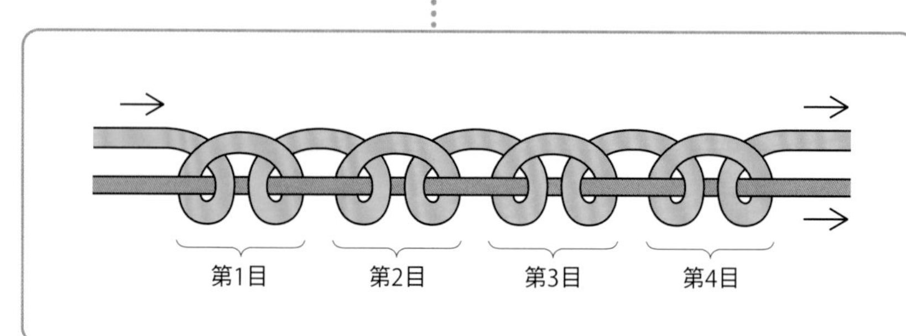

架橋・環・耳

重複編織表裡結，並藉由「架橋」、「環」、「耳」組合連結後，即可編織出各種千變萬化的花樣。

架橋

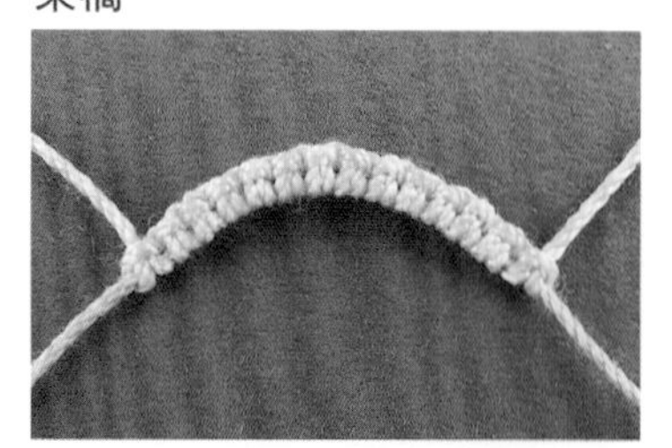

以梭子線＆掛於左手上的2條線，編織結目。完成並排於直線上的結目後，就會自然地形成弧度。

環

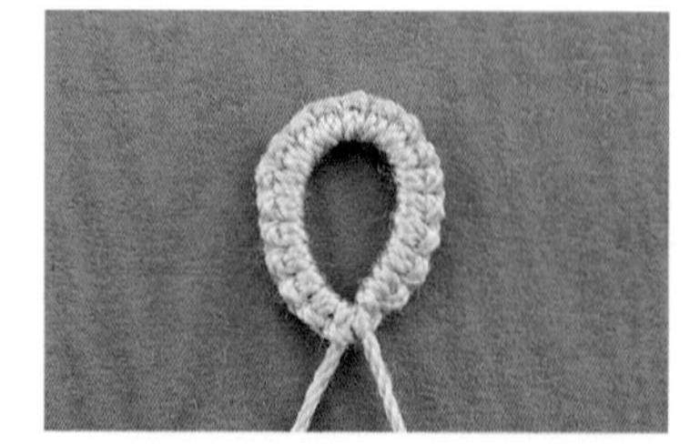

將1條梭子線掛於左手上，編織結目。最後再透過拉線收束的動作，構成環狀圖形。

耳

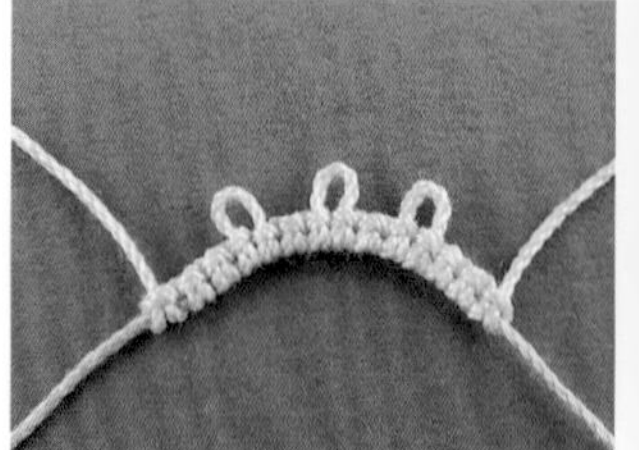

於表裡結的目與目之間編織的吊耳狀裝飾，除了可為作品添加可愛感，作為裝飾之外，還有連接環或架橋的功用。依據設計的不同，亦可加長、縮小，或改變大小來編織。

❖ 於梭子上捲線

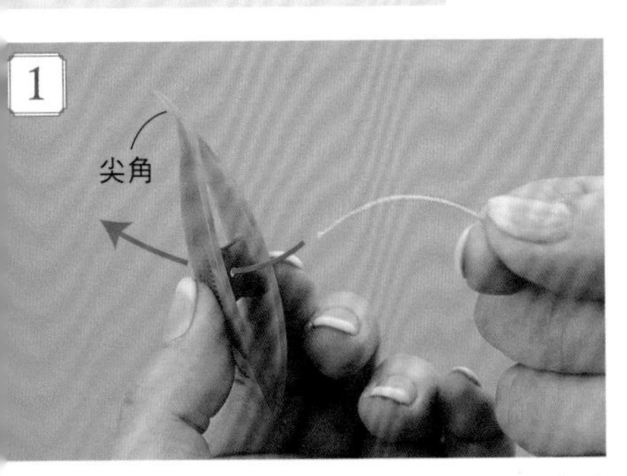

直立梭子，尖角轉向左側拿在左手上，並將線端穿入梭子中心的洞孔中。

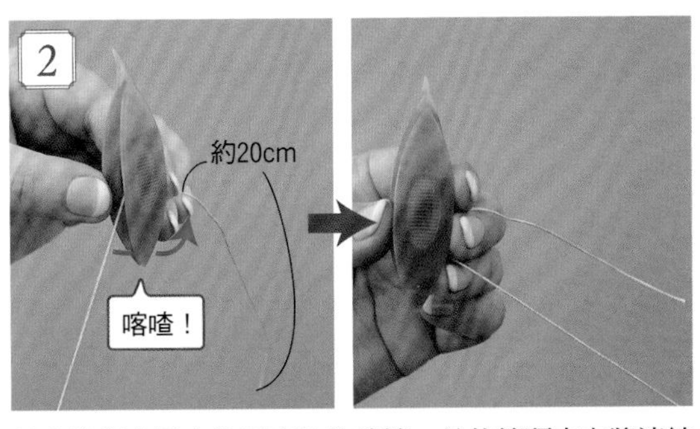

以食指與中指夾住已穿入的線端，並依箭頭方向將連結於線球側的線穿入梭子內，再繞回另一側。

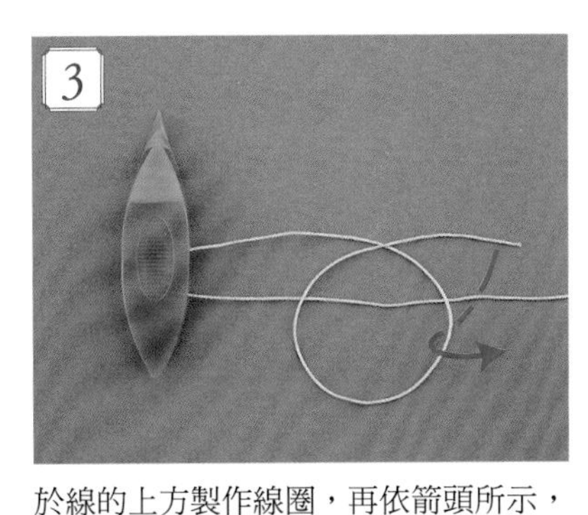

於線的上方製作線圈，再依箭頭所示，將線端穿入線圈後繞出。
※實際捲線時，是在手持梭子的狀態下進行。

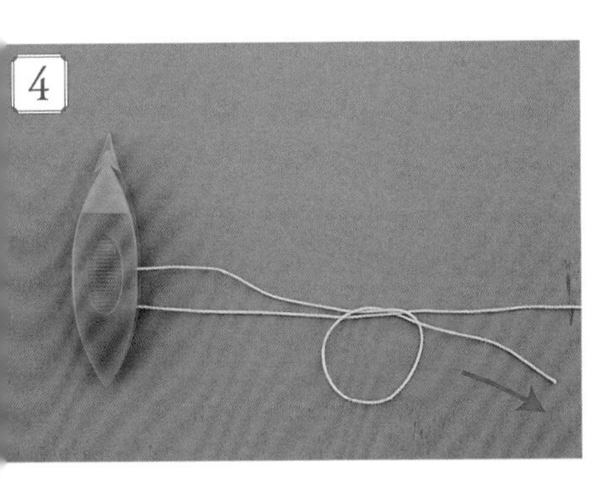

拉動線端，束緊結目。

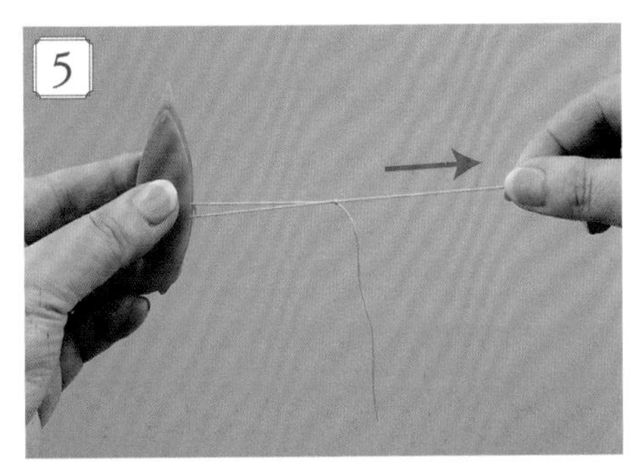

拉動連結於線球側的線，使結目移動至梭子內。

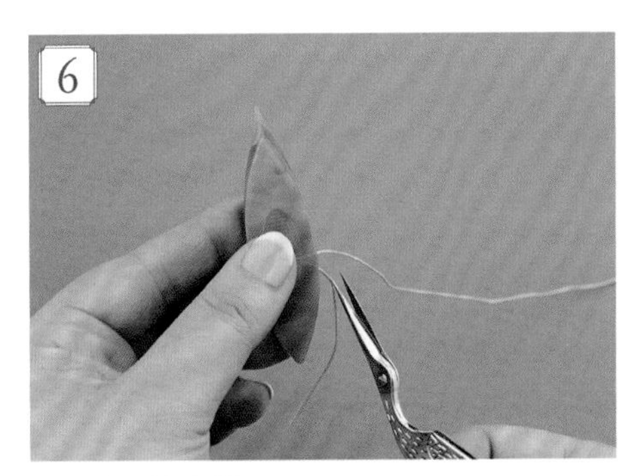

將線端側的線剪短。

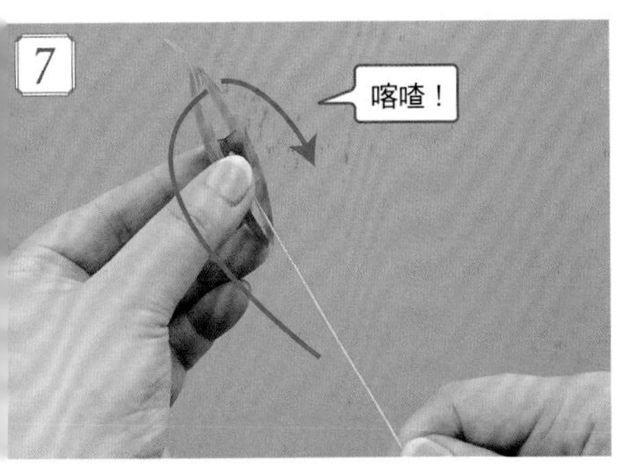

直立梭子，尖角轉向左側拿在左手上，由內側往外側，保持扁平狀均等地進行捲線。

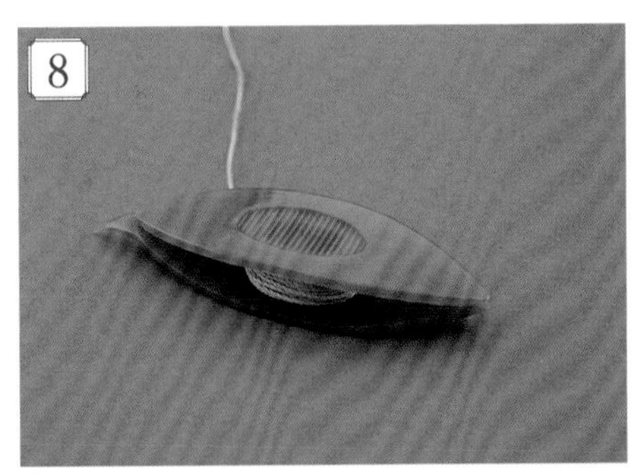

捲線完成。在開始編織作品之前，請多加留意是在完成捲線後，剪線再開始編織的作品，或連結著線球直接開始編織。

※注意！

捲線時，請避免捲至超出梭子兩側的程度。線一旦捲得過多，也是導致外露線材污損，或使梭子開口綳開的原因。

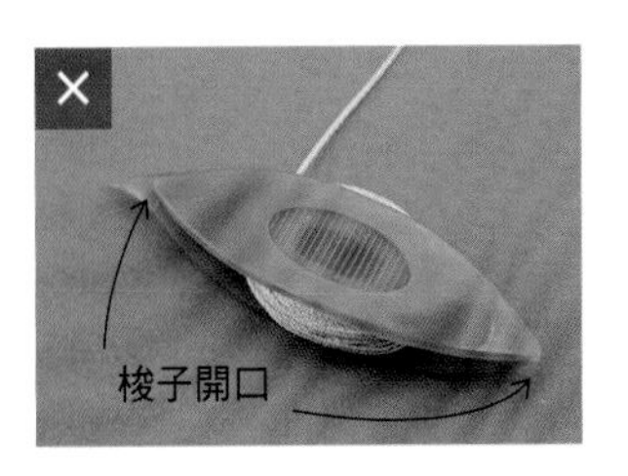

❖ 梭子的拿法

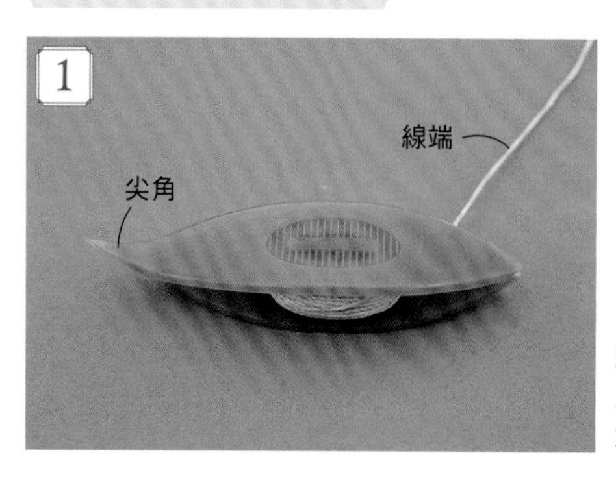

將梭子的尖角面朝上，捲繞的線端則往右上方拉出。

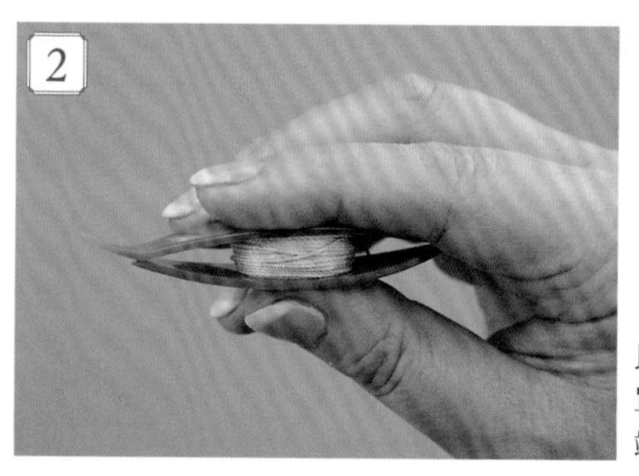

以右手的食指＆大拇指罩住似的拿著梭子。線端則往小指側拉出。

❖ 架橋的編織

請一邊編織架橋，一邊確實熟練「基本的1目表裡結」。此技法需使用捲繞於梭子上的線，以及線球側的線。為使作法淺顯易懂，圖示中以兩種不同顏色的蕾絲線進行編織解說。

於左手上掛線

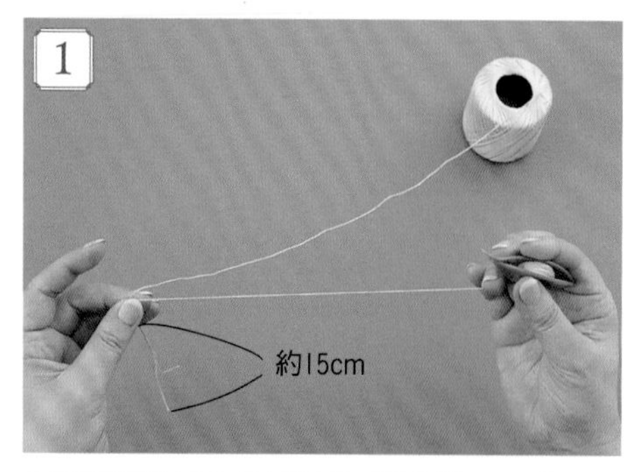

在距離線球線＆梭子線的2條線端15cm處，以左手大拇指＆食指捏夾固定。

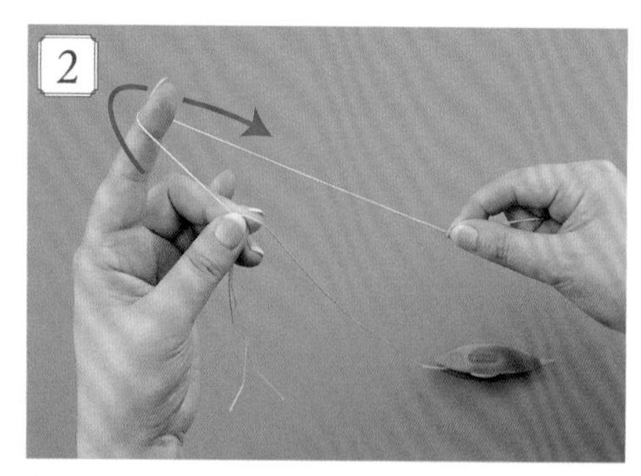

抬起左手食指，掛上線球側的線。

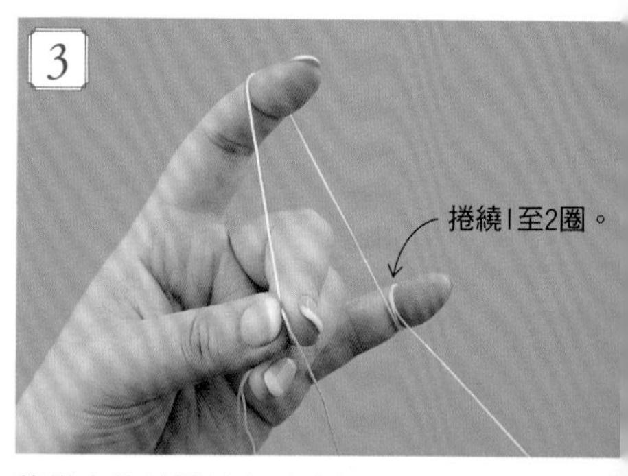

將掛上的線捲繞左手小指1至2圈固定，以免線端鬆脫。

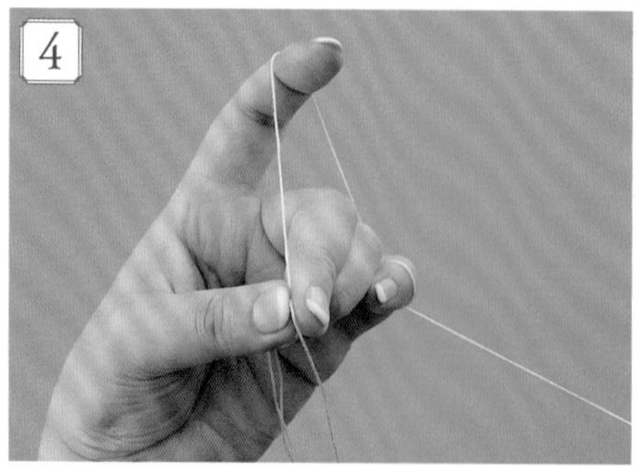

彎曲小指。

其他掛線方法

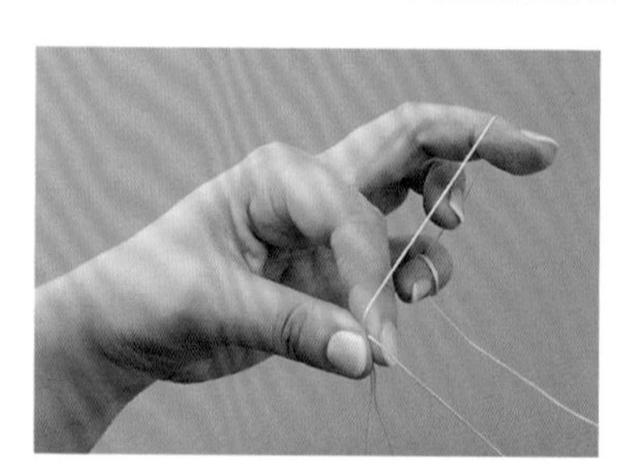

除了上述的掛線方法之外，亦可如左圖所示，以大拇指＆食指捏住線，掛線於中指上。建議自由採用你最容易進行編織的方法來掛線即可。

編織表結

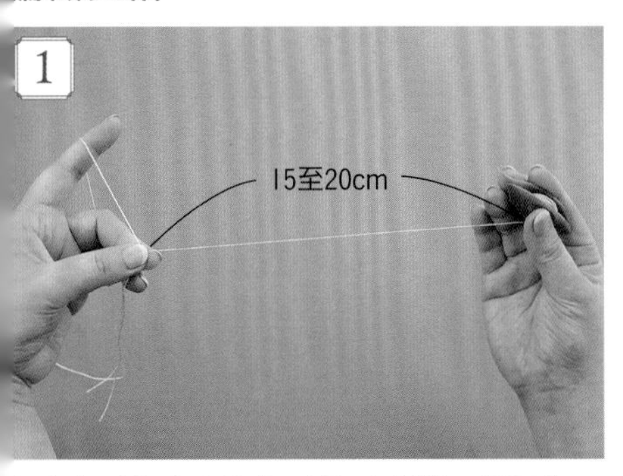

在自左手捏合處算起至梭子之間，預留約15至20cm的線長。

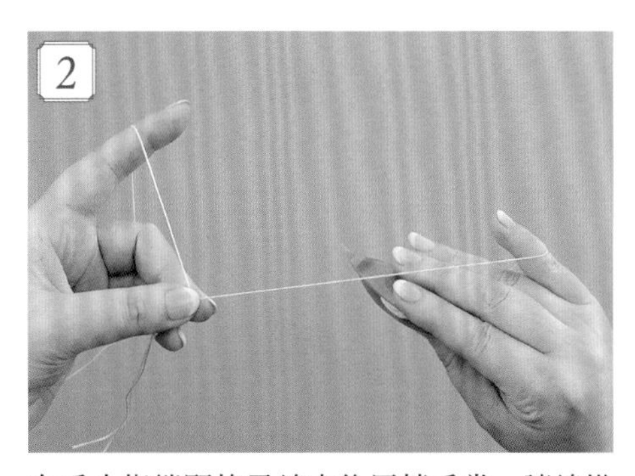

右手小指繃緊梭子線之後反轉手掌，讓線搭在手指背上。

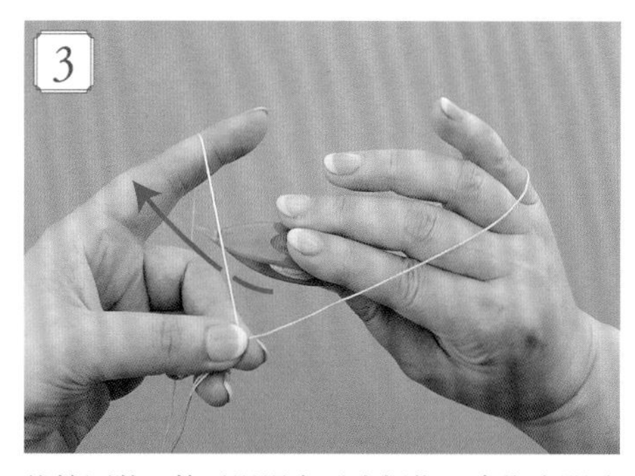

維持原狀，梭子滑過左手大拇指＆食指之間渡線的下方。

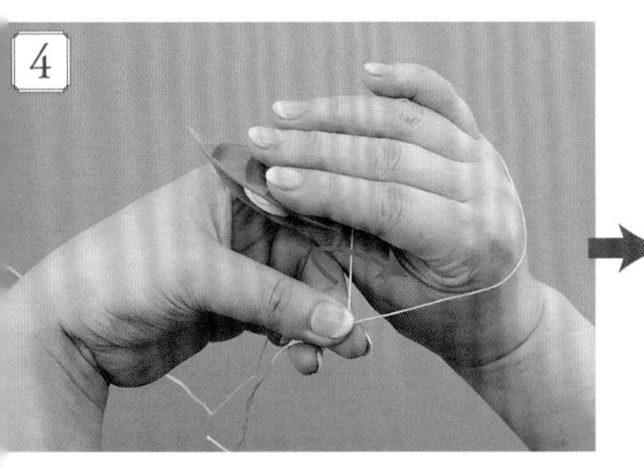

梭子完全通過渡線的下方後，一口氣移往更裡面（此時使線滑過右手食指＆梭子之間），再依箭頭方向，改以通過線上方的方式，拉動右手收回原處（此時使線滑過右手大拇指＆梭子之間）。

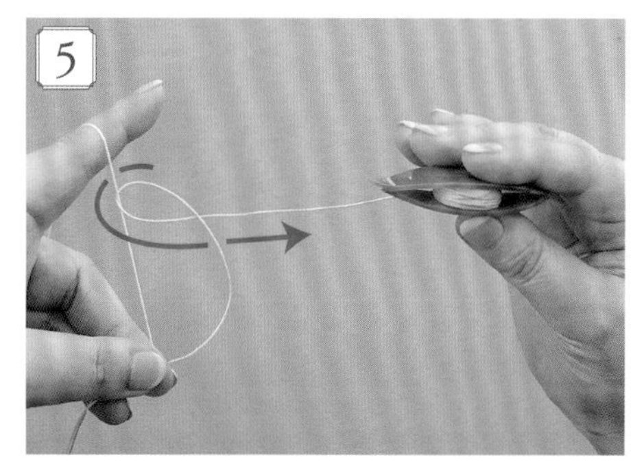

脫離掛在右手手背上的線，使梭子線捲繞於左手線上。

重要POINT　梭結的轉移

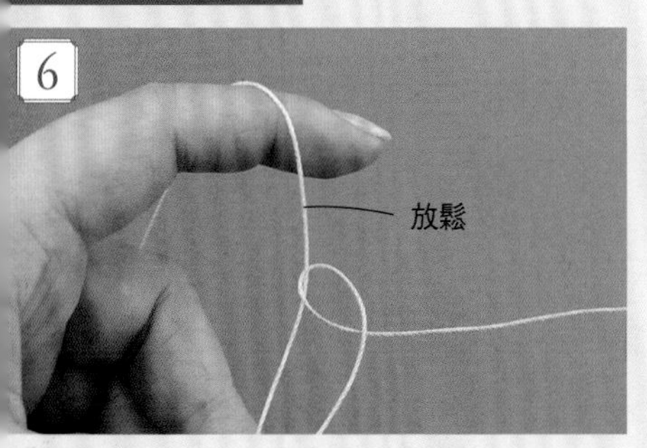

左手食指彎曲放低，稍微放鬆掛於左手上繃緊的線。

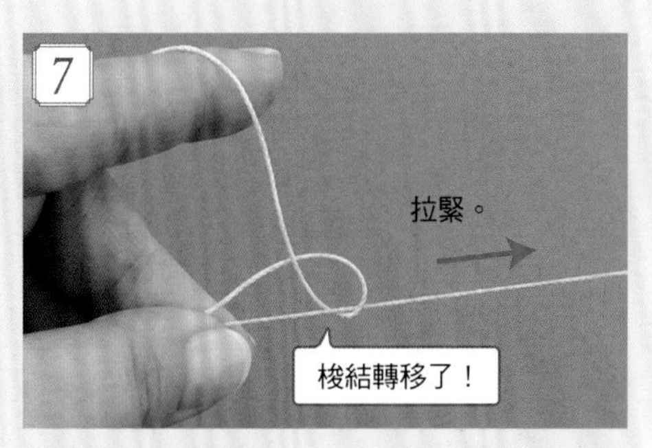

保持原狀直接拉動右手，將梭子線繃緊，左手線就會轉變成捲繞於梭子線上的狀態。此狀態即為「梭結的轉移」，梭子線成為了芯線。

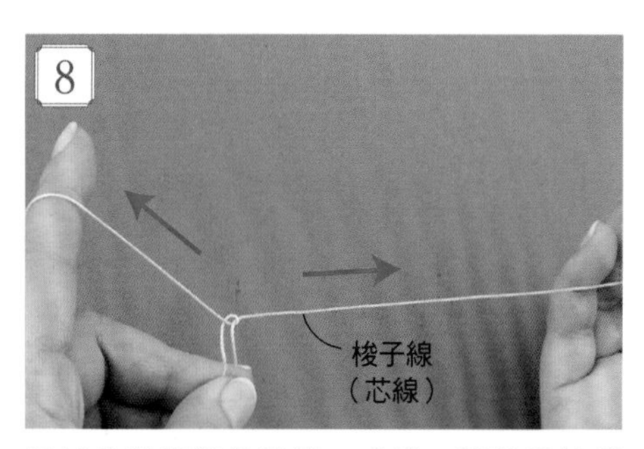

保持梭結轉移的狀態，直接一邊拉動梭子線，一邊同時將彎曲放低的左手食指抬起伸直，使結目移動至左手大拇指＆中指按住的位置。

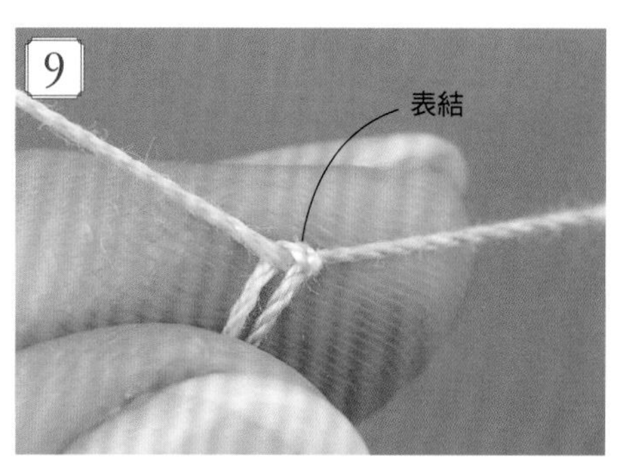

表結完成。

編織裡結

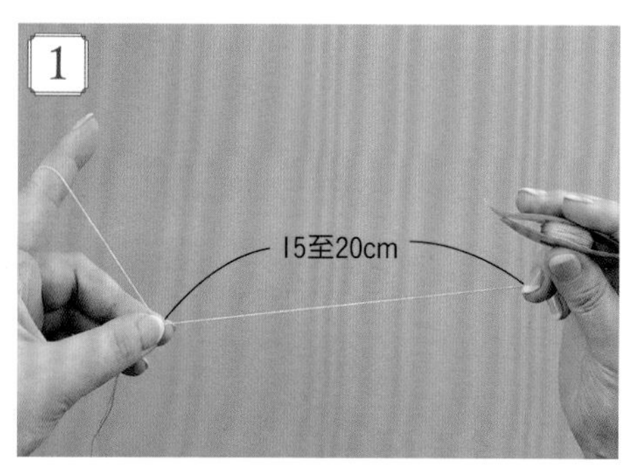

以左手按住表結，在表結至梭子之間預留約15至20cm長的線。

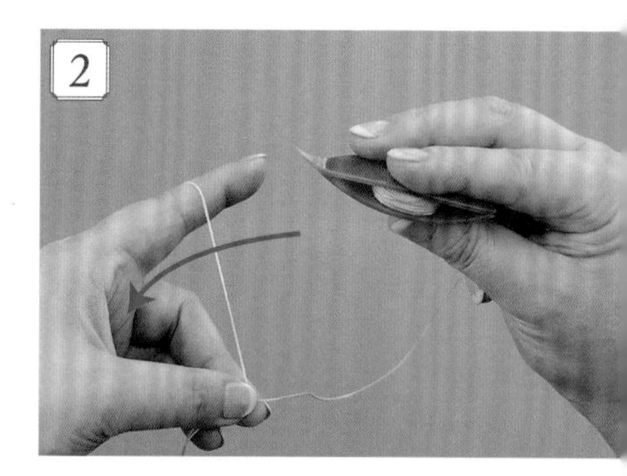

將梭子移至左手大拇指與食指之間渡線的上方。

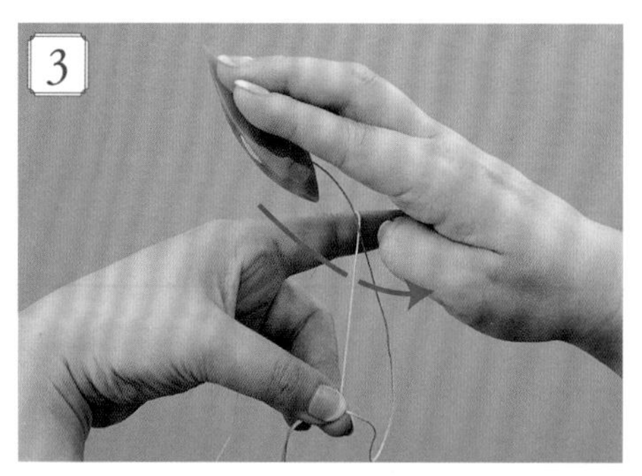

右手大拇指離開梭子，依箭頭方向將梭子滑過左手渡線的下方。

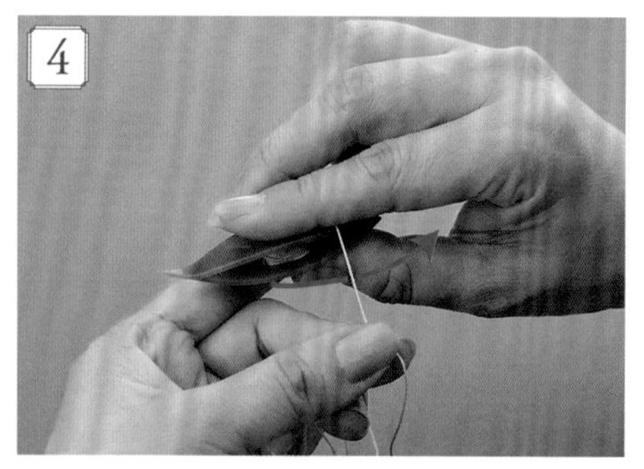

待梭子的一部分通過渡線下方後，立刻以大拇指按住，將右手拉往箭頭的方向（此時使線滑過右手食指＆梭子之間）。

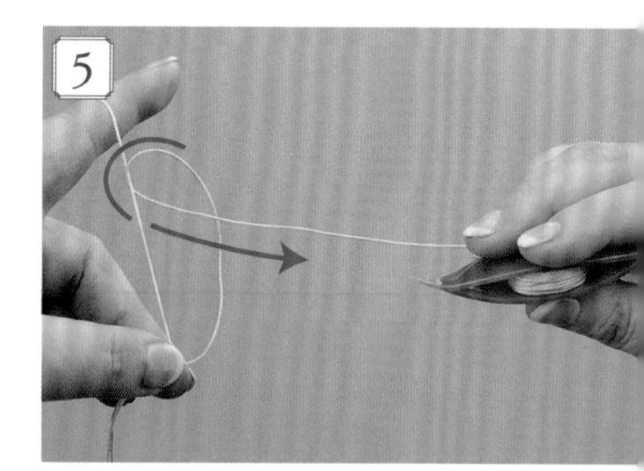

形成梭子線捲繞於左手掛線上的狀態。

梭結的轉移（參照P.9）

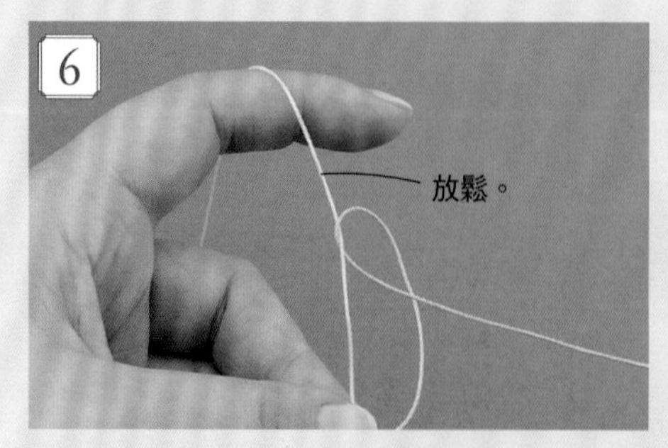

左手食指彎曲放低，稍微放鬆掛於左手上緬緊的線。

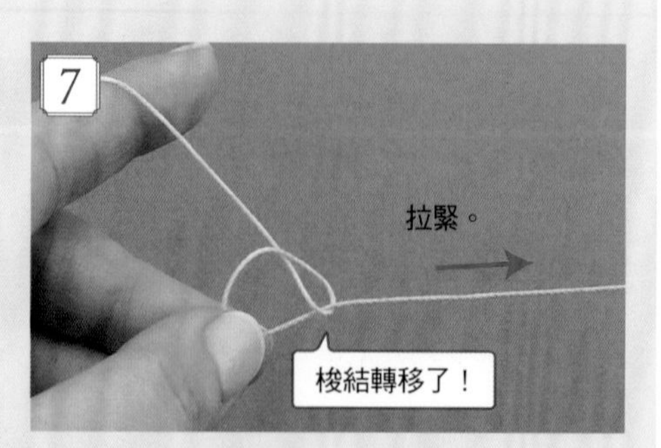

拉動梭子線，使線緬緊，轉移梭結。

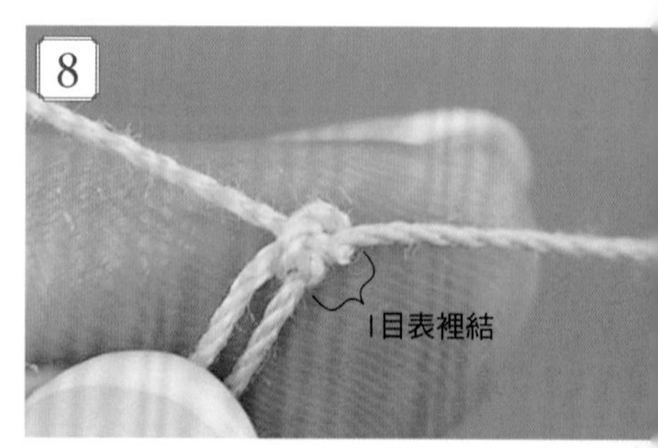

保持原狀直接拉動掛於左手的線，收緊結目，裡結完成。到此即完成1目表裡結。

重複交替編織表結＆裡結。

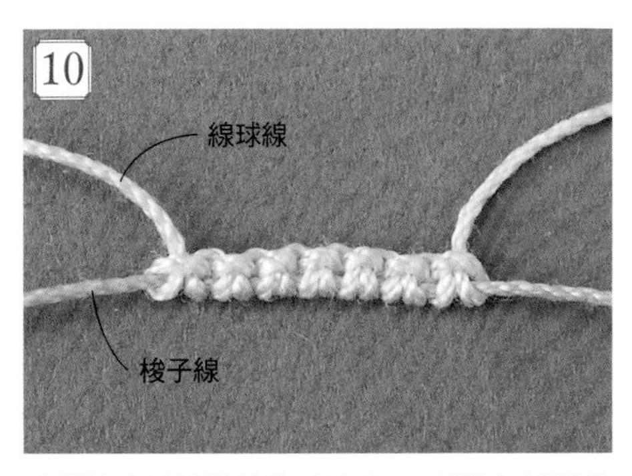

確認線球線捲繞於梭子線上，7目的架橋編織完成。

若「梭結的轉移」沒有正確完成

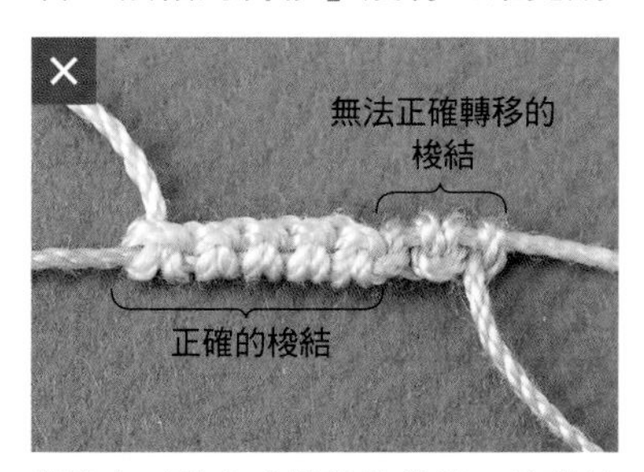

若沒有正確完成轉移的梭結，線球線會變成芯線，梭子線則形成捲繞於線球線上的狀態。此時需將梭結拆開，重新編織（參照P.62）。

❖ 耳的編織

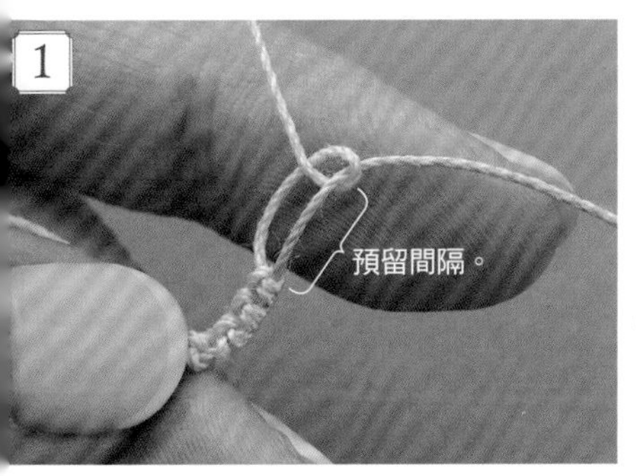

編織表結時，不要將線完全拉緊，與前1目之間，事先稍微預留間隔。

預留間隔後，編織1目表裡結。再將剛完成的1目結目拉近至前1目旁。

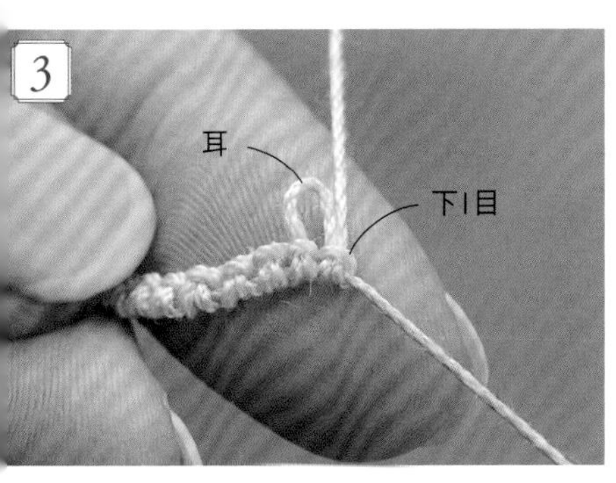

拉近結目。之前預留間隔的一半長度即為耳的高度。耳編織完成的同時，下1目也編織完成。

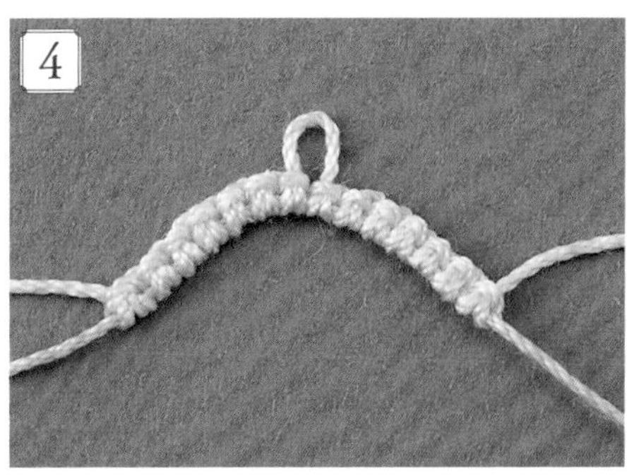

接續編織結目，使耳位於架橋的中央。

❖ 環的編織

使用捲繞於梭子上的1條梭子線。
請參照架橋編織方法中介紹的基本1目表裡結來進行編織。

於左手上掛線

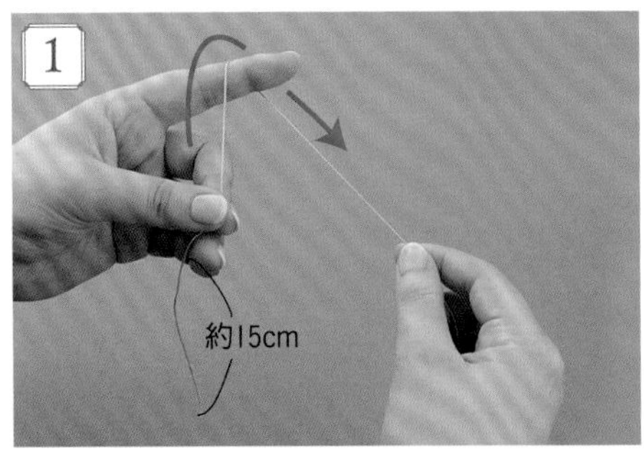

距離捲繞於梭子上的線端大約15cm處，以左手大拇指與中指捏住，將線掛於抬起的食指上。

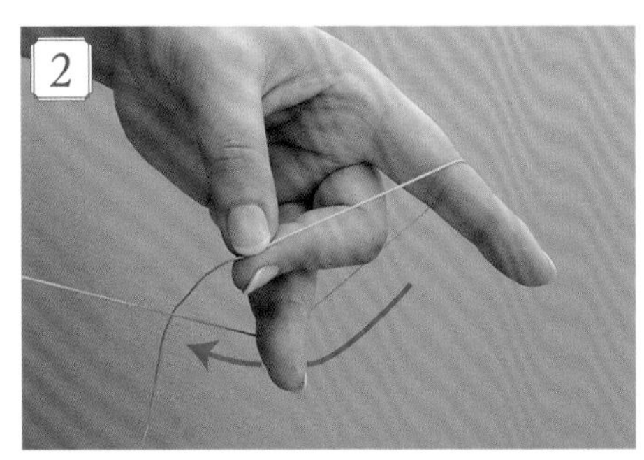

繼續將線掛於小指上。

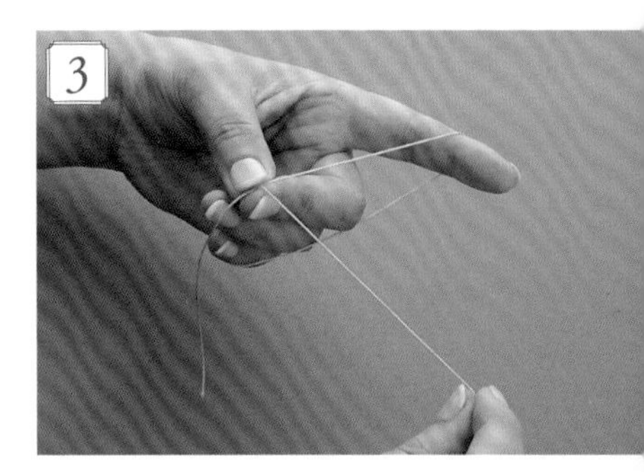

以大拇指＆中指捏住已繞了一圈的線。

編織結目

※參照P.9至P.11的「編織表結」、「編織裡結」來編織結目。

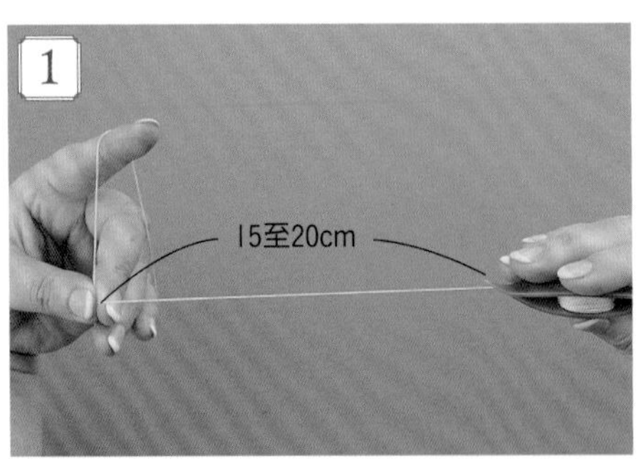

在自左手捏合處至梭子之間，預留約15至20cm長的線。

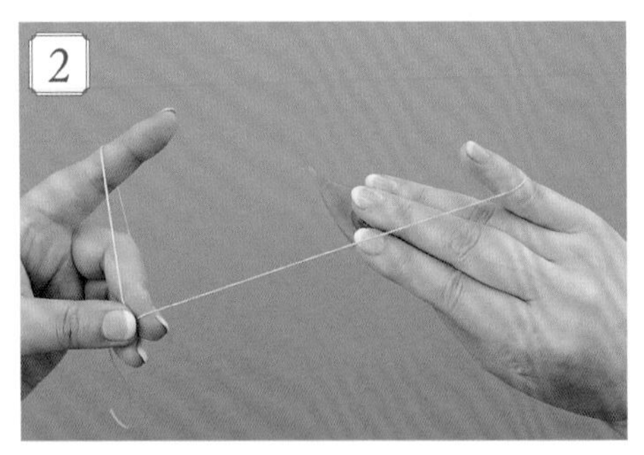

右手小指繃緊梭子線之後反轉手掌，讓線搭在手指背上。

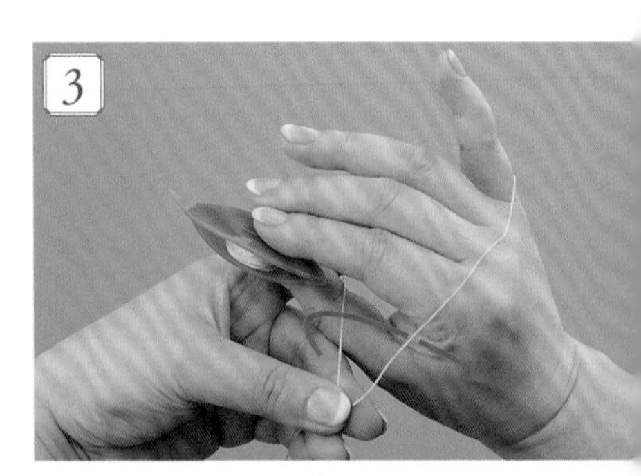

梭子滑過左手渡線的下方。

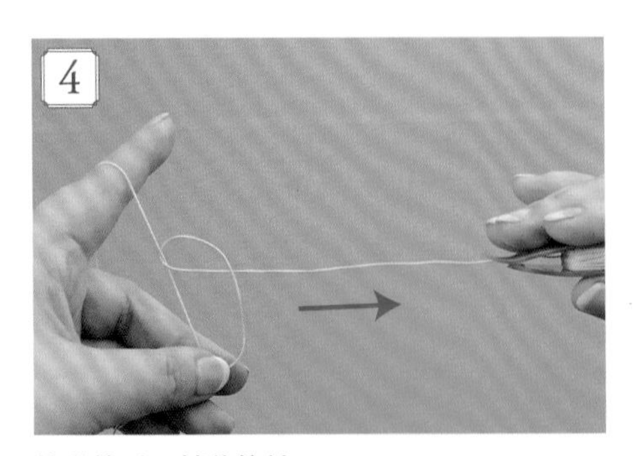

拉動梭子，轉移梭結。

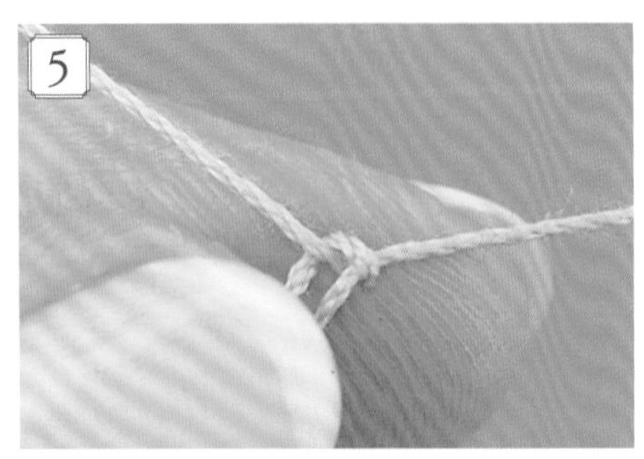

表結完成。

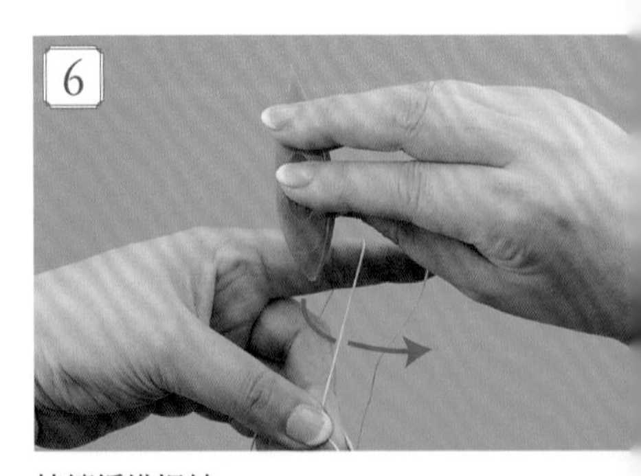

接續編織裡結。

結完成。

在編織過程中，掛於左手的線圈變小時……

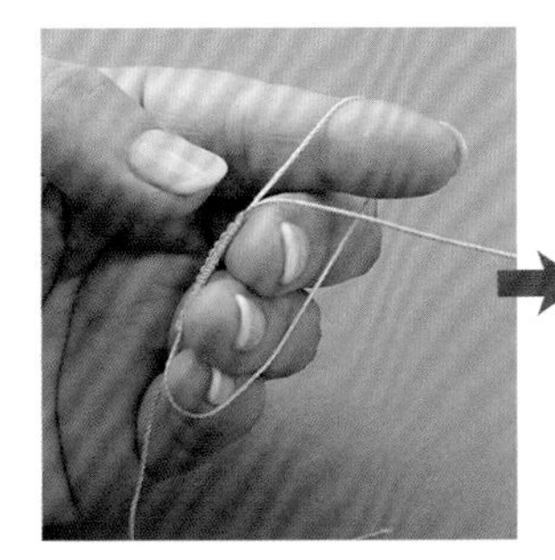

隨著編織數個結目後，掛於左手的線圈也會跟著逐漸變小。

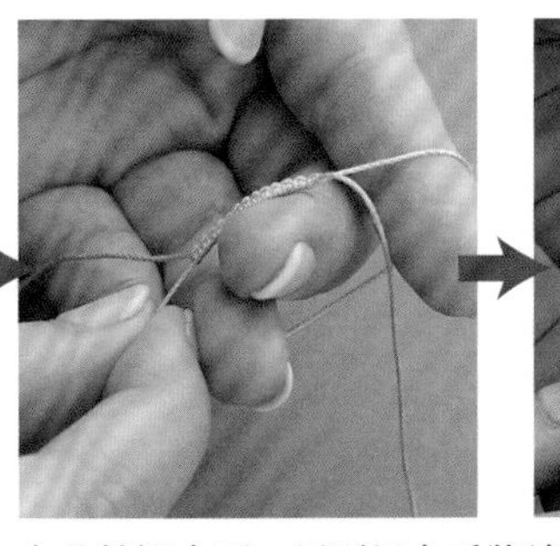

在此情況之下，只要以右手將線圈掛於左手小指側的線往下拉動，線圈就會擴大。此時，一邊以左手的大拇指＆中指輕輕按住結目，一邊拉線。

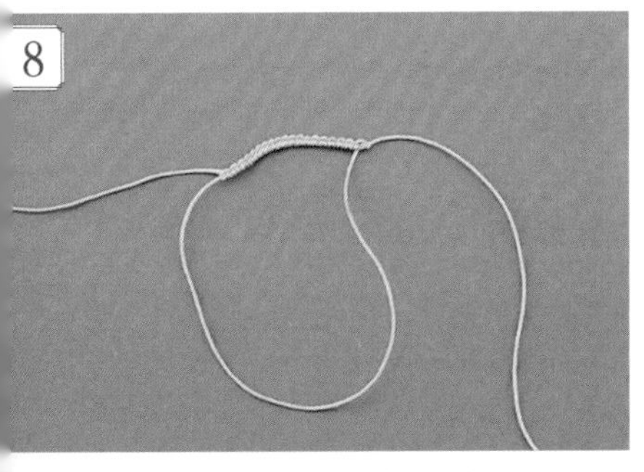

成必要的目數。圖示中為使作法淺顯易懂，改為將未完成的線環由左手上取下。

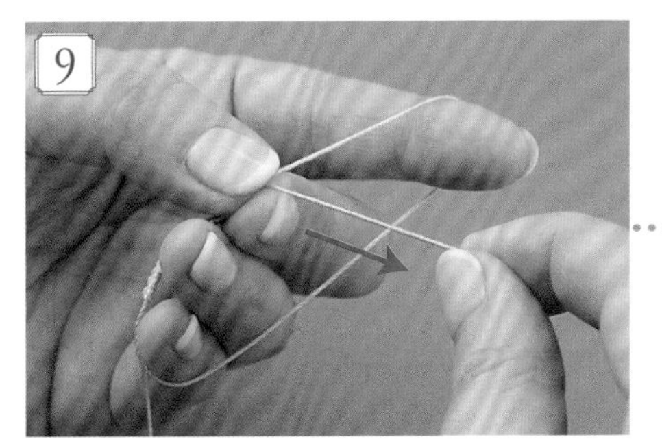

左手按住最後編好的結目，右手拉動梭子線，將線圈束緊。

線束緊後，環完成！

拉線的方向

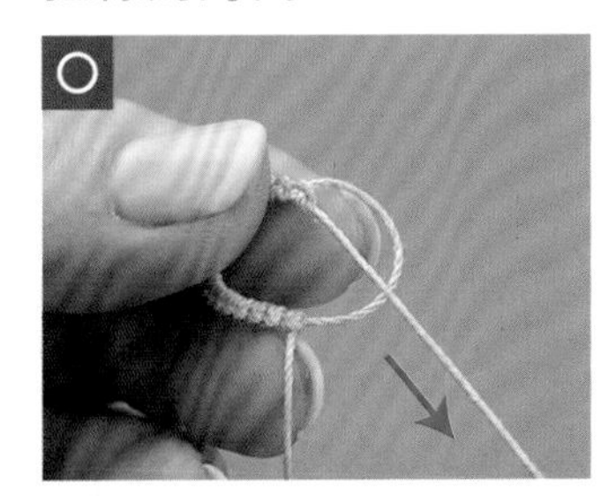

配合線圈的動向，往自然的方向拉線束緊。

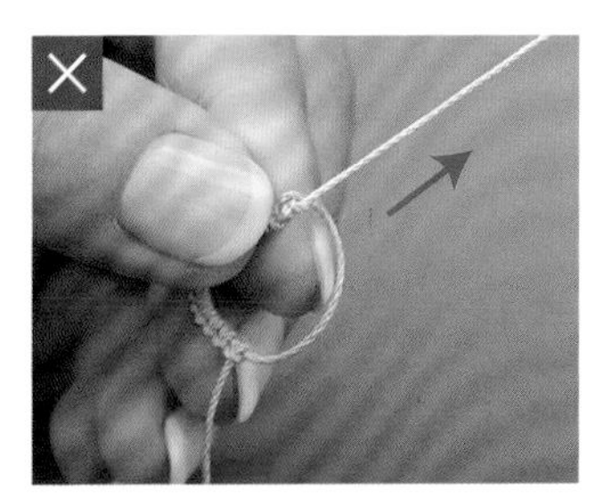

一旦沒有順著方向拉線，就無法完全將線拉緊至最後，而導致空隙出現。

❖ 翻轉

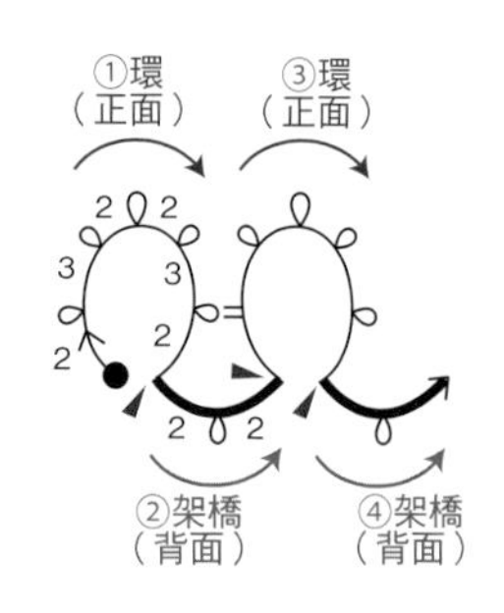

所謂的翻轉（reverse work）即為「翻面」。
環或架橋都是一邊自然形成向上的弧度，一邊逐漸編織而成。
梭編圖上遇見環或架橋的弧形方向呈現相反的情況時，
不論是由環移至架橋，或由架橋移至環，
都必須將作品翻面，將之前向上編織而成的弧形翻轉至朝下的模樣，
再繼續進行編織。

＝翻轉（翻面）位置

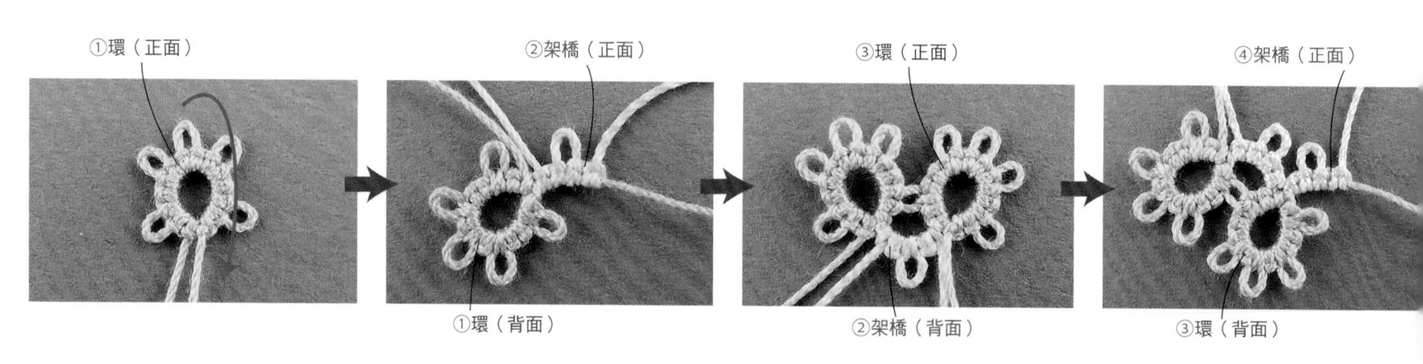

①環編織完成的模樣。
在編織②架橋之前，先進行翻轉（依箭頭指示，上下顛倒，進行翻面）。

②架橋編織完成的模樣。
在編織③環之前，先進行翻轉。

③環編織完成的模樣。
在編織④架橋之前，先進行翻轉。

④架橋編織完成的模樣。

❖ 作品的正面＆背面

表裡結分有正面＆背面，
可藉由耳根部的結目來分辨。

正面

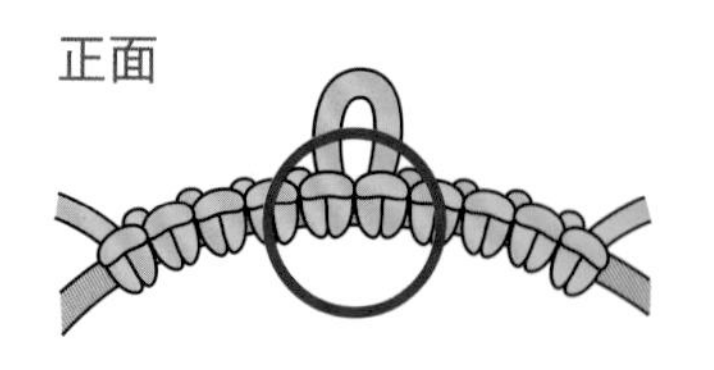

耳根部可見結目形成的線結，
表裡結呈現並排狀。

背面

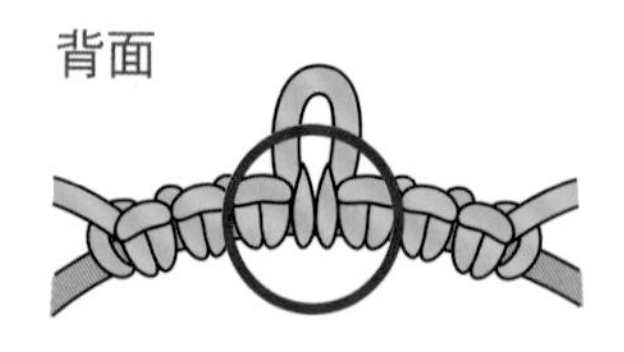

耳根部無結目形成的線結，
呈現兩條直向渡線的狀態。

一邊翻轉一邊編織作品的時候，一件作品中就會出現正面＆背面兩種面向。請以作品中較為醒目的耳（緣邊的耳，或數量較多的耳等）佔多數的面為正面使用。

以環的耳決定正面的情況

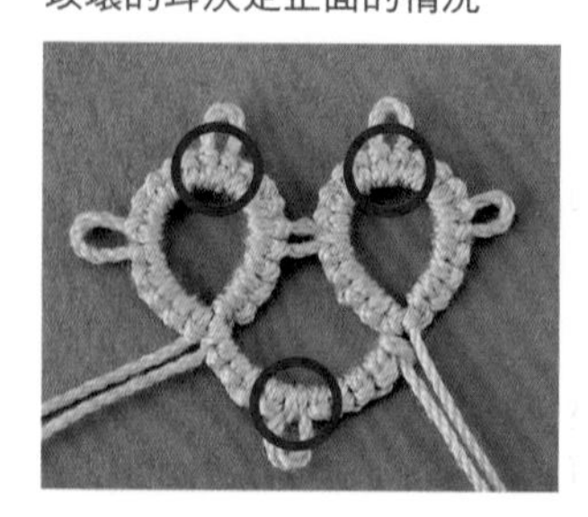

以架橋的耳決定正面的情況

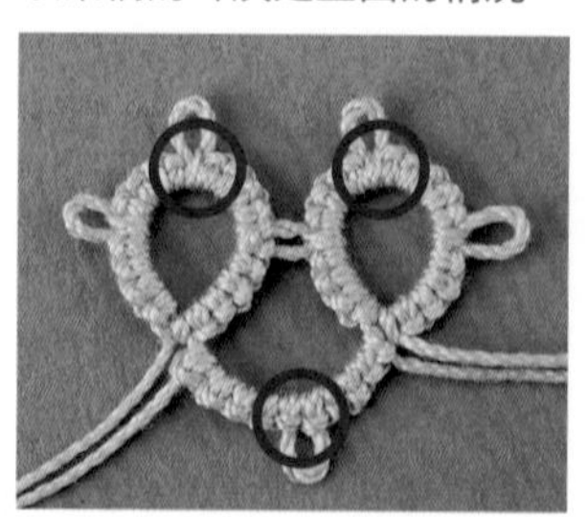

❖ 梭編圖的記號解說

本書作品皆以簡潔呈現的各種梭編圖來表示作品的編織作法＆技巧。
以下將解說此梭編圖的解讀方法。
每一頁的梭編圖旁，皆有詳細的編織步驟解說，建議與圖示相互參照。

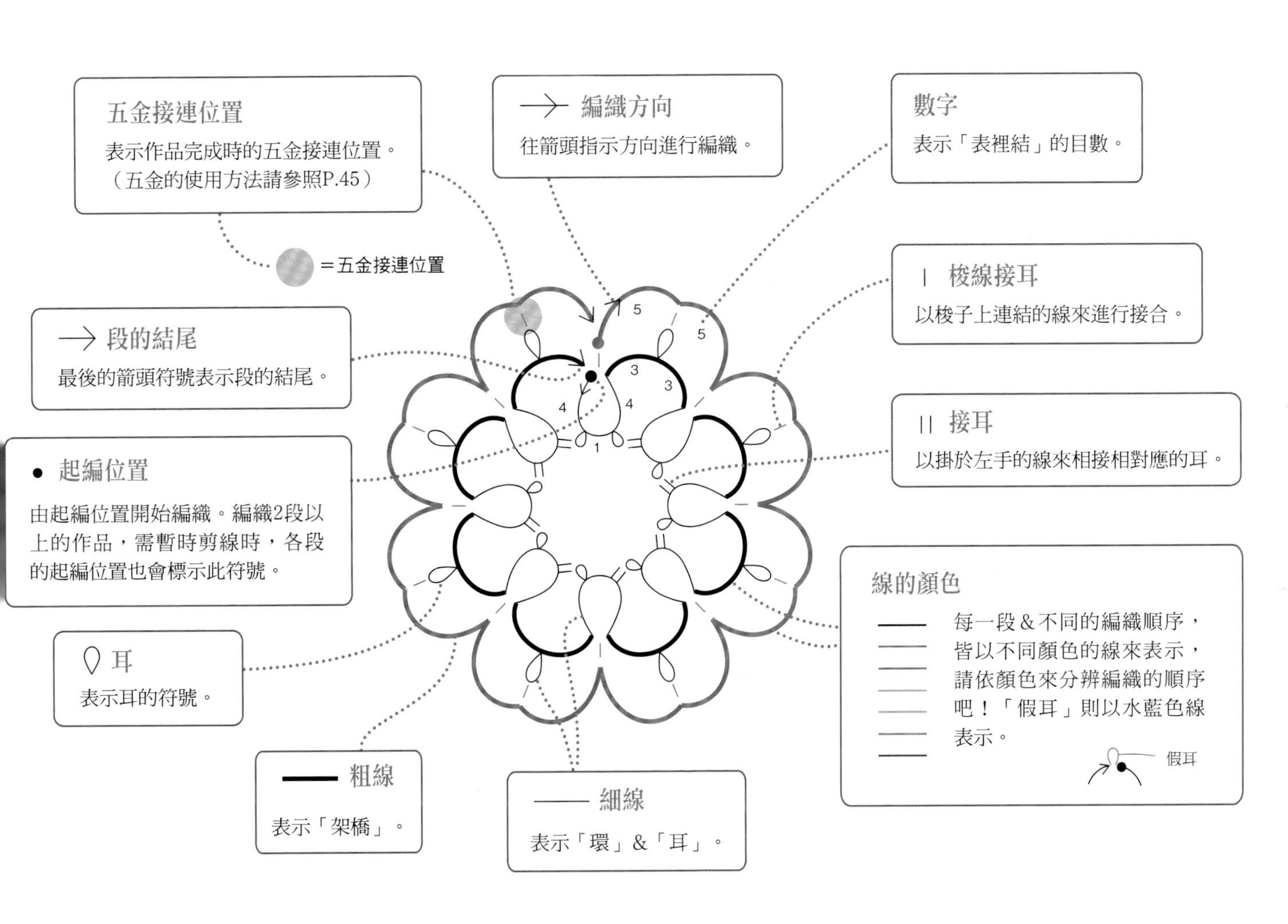

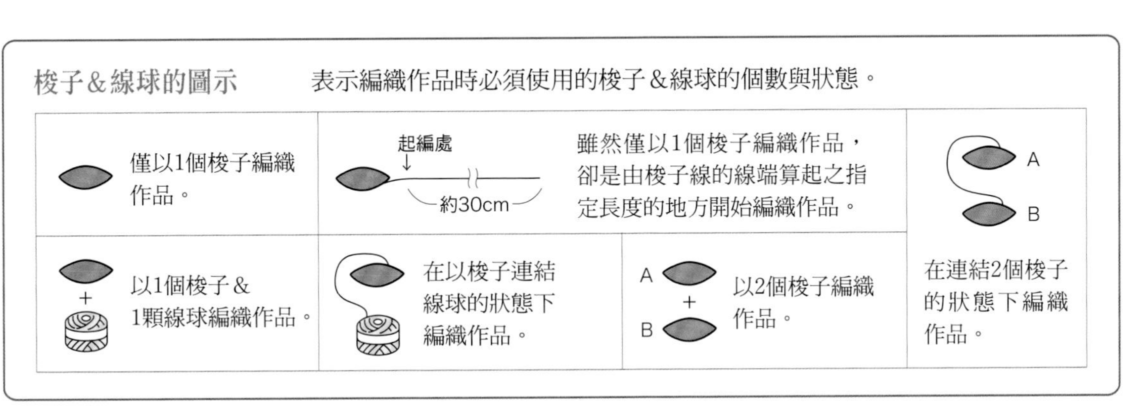

使用1個梭子

＊本頁的花片為原寸大小。

a b c d

1

2

3

基本的花片

第一階段，不妨先編織以1個梭子即可完成的可愛花片，並藉此熟練梭編蕾絲的基礎技法。a・b為僅有簡單花瓣的設計，c・d則是具有花蕊的花朵設計。即便同樣使用＃40的線材，但因各家廠商產品不同，呈現的粗細或質感也有差異。多嘗試以不同的線材進行編結＆進行比較，也是梭編的樂趣之一唷！

使用線材
1→DARUMA蕾絲線 #40紫野
2→Olympus 梭編蕾絲線＜中＞
3→DMC Cebelia #40

作法
a・b→P.20
c・d→P.24

基本花片飾品×3

使用線材　DMC Cebelia #30

作法　P.26

應用P.16的花片，製作成飾物。作品1的耳環&作品2的胸針使用a・c・d，作品3的項鍊則結合a至d的花片。

壺／malto

使用1個梭子

以環編完成的項鍊&耳環

菱形般的作品4&左右增加環數的作品5項鍊，皆以閃亮的金蔥線編織。作品6則是將作品5的相同花片穿入耳環五金製作而成。

使用線材 4・5→Olympus 梭編蕾絲線＜金蔥＞
6→Olympus 梭編蕾絲線＜細＞

作法 P.28

銀色首飾盒・飾品架／malto

蘭花耳環

在上下兩端編織大花瓣，中心編織小花瓣，以具有律動感的設計，完成美麗典雅的蘭花花片。請以勾勒出S字形般的感覺逐一編織而成。

使用線材　DMC Cordonnet Special #40

作法　P.30

圓形花片的蘇格蘭別針&胸針

將圓形花片黏貼於包釦別針&胸針上。襯上深色的布片，花片就會顯得加倍美麗。作品8製作成簡約款式，作品9則在邊緣處編耳，以增添華麗氣息。

使用線材　DARUMA蕾絲線 #60

作法　P.31

P.16 花片a的作法

使用線材

a-1
DARUMA 蕾絲線 #40紫野
原色（2）

a-2
梭編蕾絲線＜中＞
原色（T202）

a-3
DMC Cebelia #40
淺駝色（ECRU）

工具

梭編用梭子　1個

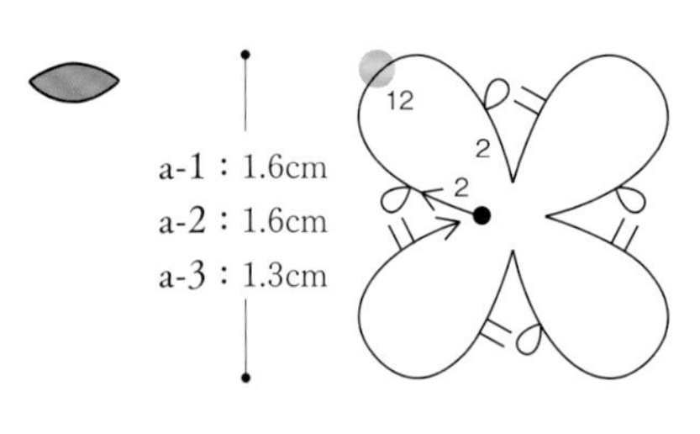

＝P.26 1 C圈接連位置

❶ 編織「2目・耳・12目・耳・2目」的環。
❷ 編織「2目・接耳・12目・耳・2目」的環。
❸ 重複1次步驟❷。
❹ 編織「2目・接耳・12目・2次翻摺接耳・2目」的環。

P.16 花片b的作法

使用線材

b-1
DARUMA 蕾絲線 #40紫野
原色（2）

b-2
Olympus
梭編蕾絲線＜中＞
原色（T202）

b-3
DMC Cebelia #40
淺駝色（ECRU）

工具

梭編用梭子　1個

b-1：2.3cm
b-2：2.3cm
b-3：1.8cm

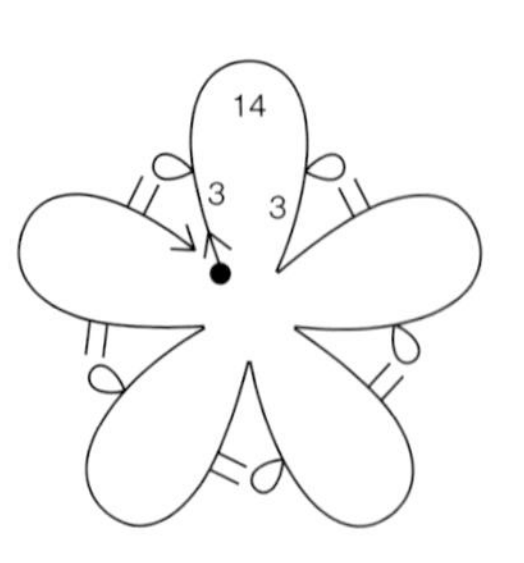

❶ 編織「3目・耳・14目・耳・3目」的環。
❷ 編織「3目・接耳・14目・耳・3目」的環。
❸ 重複2次步驟❷。
❹ 編織「3目・接耳・14目・2次翻摺接耳・3目」的環。

❖ 花片a的作法

編織第1個環。

接耳

編織第2個環的最初2目。

※注意！

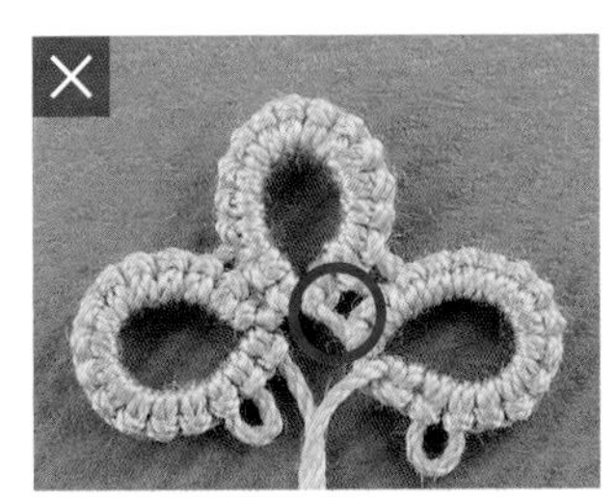
請注意環與環之間不要留有間隔，第2個以後的環，最初第1目請務必密合地於前一個環的邊緣進行編織。

將第1個環的耳置於左手掛線的上方。

依箭頭所示，以梭子的尖角挑出位於耳下的線。

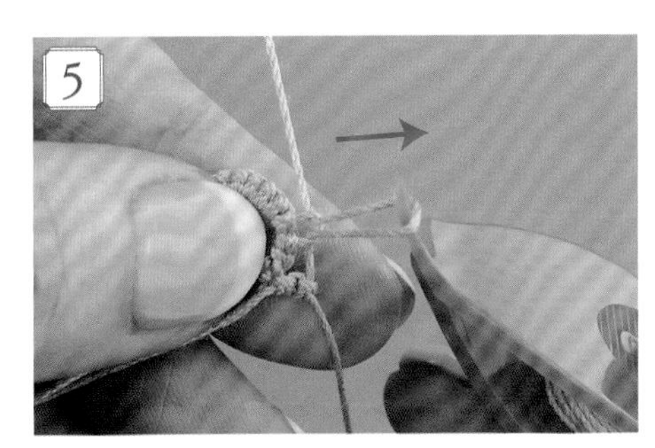

將線由耳中鉤出，拉長擴大成線圈。

※以蕾絲針將線鉤出也OK！

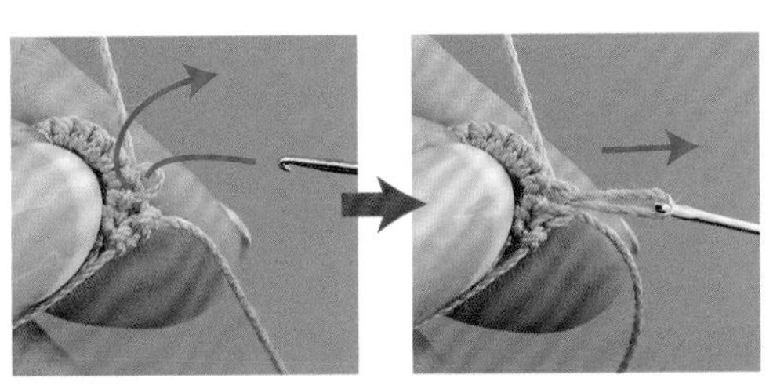
依箭頭所示，以蕾絲針挑出位於耳下的線。

將線由耳中鉤出，拉長擴大成線圈。

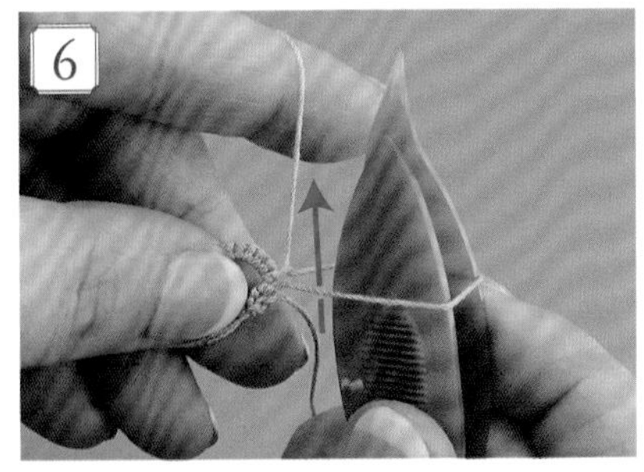

直接將梭子由下方穿入鉤出的線圈之中。

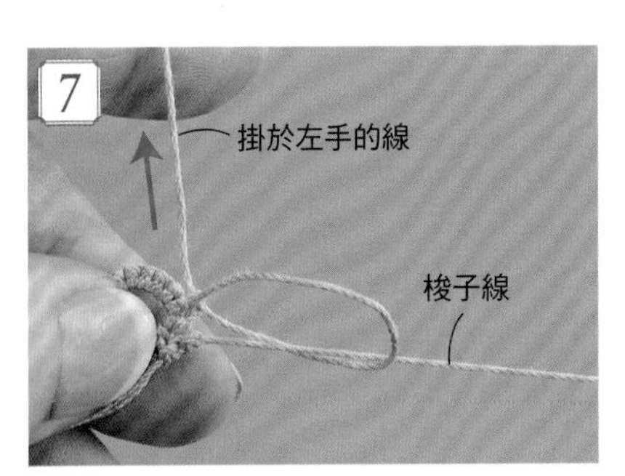

鉤出左手上的掛線後，將線圈束緊。

將線圈拉緊，接耳編織完成（接耳不算入目數）。

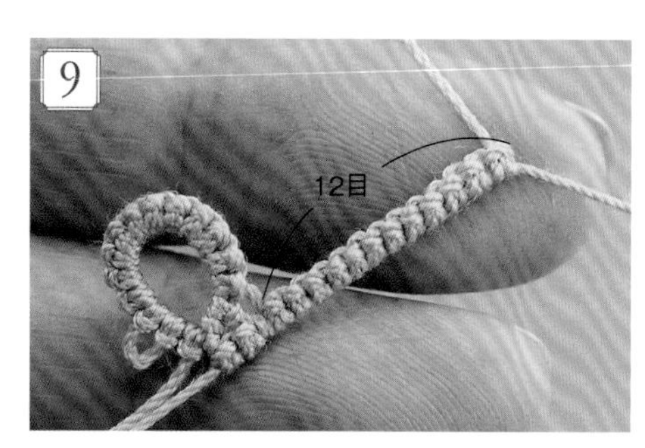

接續編織12目。

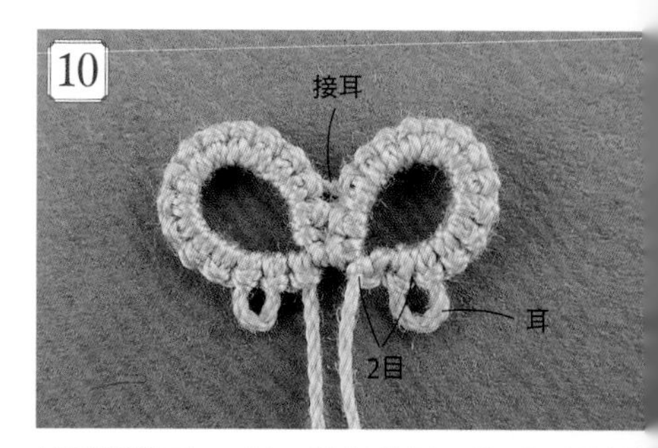

接續編織耳、2目，拉緊線圈，第2個環編織完成。利用接耳與第1個環併接在一起。

2次翻摺接耳

將花片最後（第4個）的環連接於最初（第1個）的環上時，只要運用此種方法併接，連接的結目就不會發生扭轉的情形，可漂亮地完成併接。

※為使作法淺顯易懂，在此將第1個環改以不同色線進行解說。

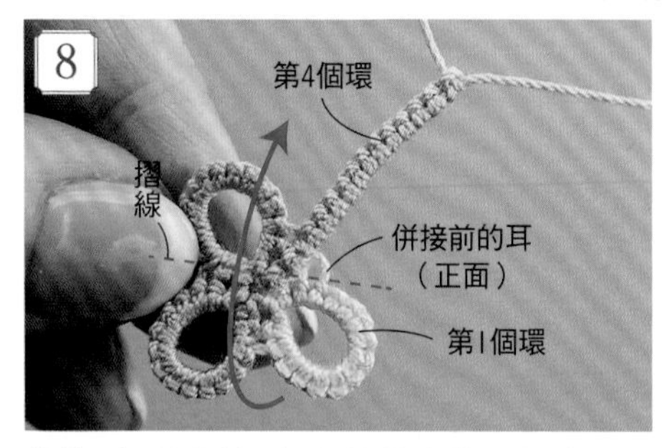

將第4個環與第1個環併接之前，依箭頭所示，將花片進行半邊翻摺（第1次翻摺）。

完成第1次翻摺。確認第1個環的背面朝上後，再次依箭頭所示，僅將第1個環扭轉後翻回（第2次翻摺）。

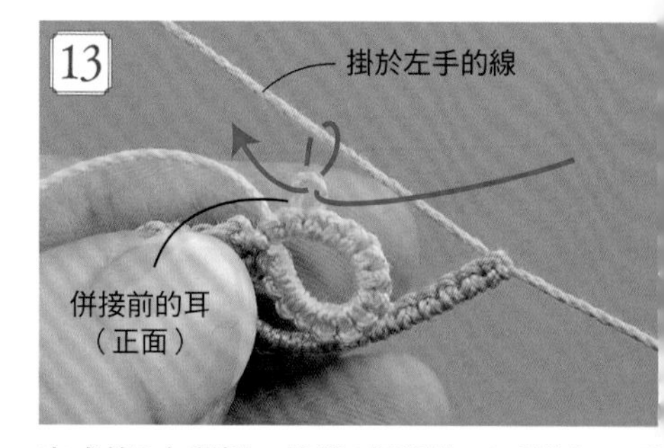

完成第2次翻摺，使第1個環的正面朝上。再依箭頭所示，穿入梭子的尖角，自耳中鉤出掛於左手的線。

將梭子往箭頭方向拉動，拉長擴大成線圈。

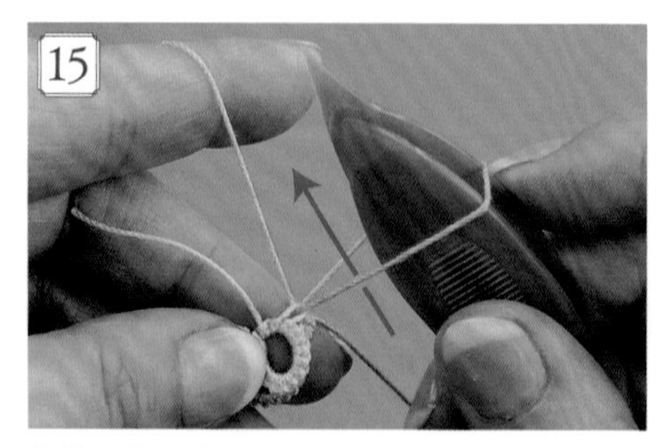

使梭子穿入線圈之中。

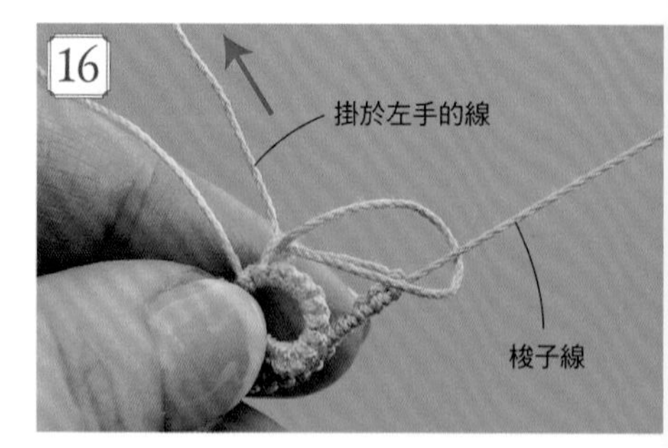

拉出掛於左手的線，以便將線圈束緊。

束緊線圈。

保持原狀，接續編織環剩餘的2目。

將摺痕復原後，攤開花片。2次翻摺接耳編織完成。

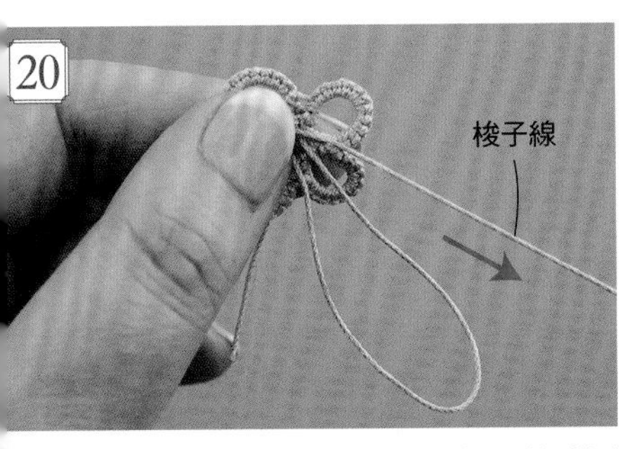

按住環根部，拉動梭子線，將第4個環的線圈束緊。

完成第4個環，並與第1個環併接在一起。花片完成！

線頭的處理方法（背面打結方式）

線端各預留約15cm後，剪線，並於背面打一個結（纏繞1次）。

再次打結（纏繞2次）。

結目上塗上少量的線端防綻液後，將線端剪短。

P.16 花片c的作法

使用線材

c-1
DARUMA 蕾絲線 #40紫野
原色（2）

c-2
梭編蕾絲線<中>
原色（T202）

c-3
DMC Cebelia #40
淺駝色（ECRU）

工具

梭編用梭子　1個

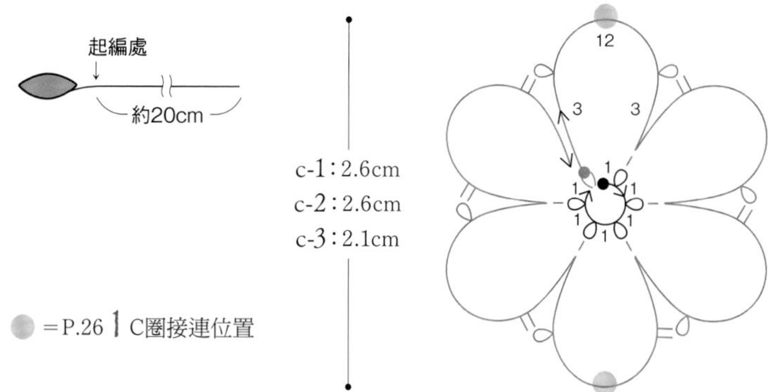

《第1段》
※自線端算起約20cm處開始編織。
❶ 編織「『1目・耳』×5次・1目」的環。
❷ 將環進行翻面，編織假耳。
《第2段》
❶ 編織「3目・耳・12目・耳・3目」的環。
❷ 與第1段的耳進行梭線接耳。
❸ 編織「3目・接耳・12目・耳・3目」的環。
❹ 與第1段的耳進行梭線接耳。
❺ 重複3次步驟❸與❹。
❻ 編織「3目・接耳・12目・2次翻摺接耳・3目」的環。

P.16 花片d的作法

使用線材

d-1
DARUMA 蕾絲線 #40紫野
原色（2）

d-2
Olympus
梭編蕾絲線<中>
原色（T202）

d-3
DMC Cebelia #40
淺駝色（ECRU）

工具

梭編用梭子　1個

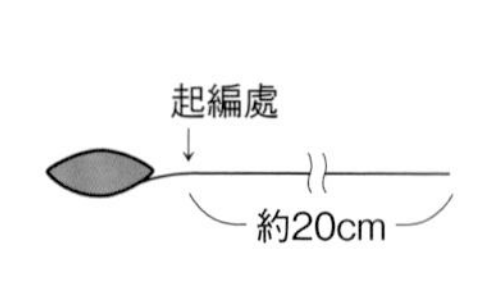

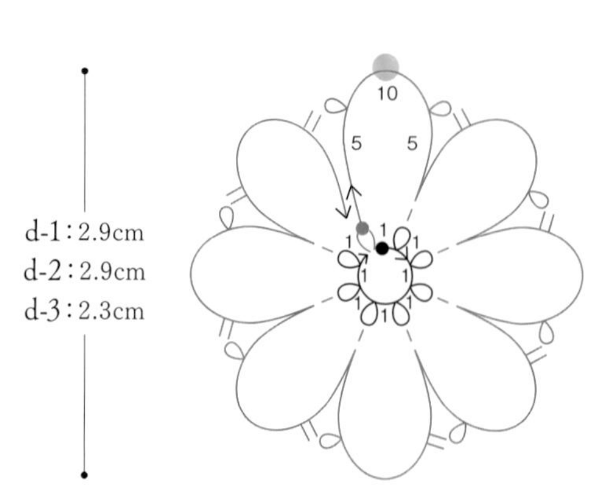

=P.26 C圈接連位置

《第1段》
※自線端算起約20cm處開始編織。
❶ 編織「『1目・耳』×7次・1目」的環。
❷ 將環進行翻面，編織假耳。
《第2段》
❶ 編織「5目・耳・10目・耳・5目」的環。
❷ 與第1段的耳進行梭線接耳。
❸ 編織「5目・接耳・10目・耳・5目」的環。
❹ 與第1段的耳進行梭線接耳。
❺ 重複5次步驟❸與❹。
❻ 編織「5目・接耳・10目・2次翻摺接耳・5目」的環。

❖ 花片c的作法

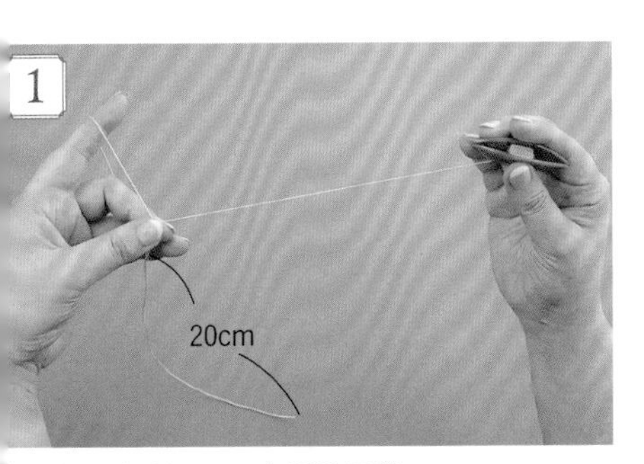

自線端算起約20cm處開始編織。

編織第1段至假耳的前側為止，並將環的線圈束緊。

假耳

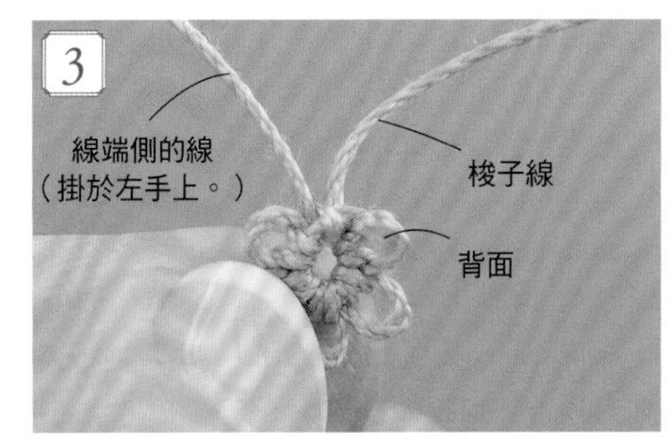

將環進行翻轉後，拿在左手上，並將線端側的線掛於左手。

在距離最後結目稍微預留間隔之處，編織表結，並調整至與其他耳相同高度，將結目確實拉緊（為使圖示作法淺顯易懂，在此不拉緊結目，繼續編織）。

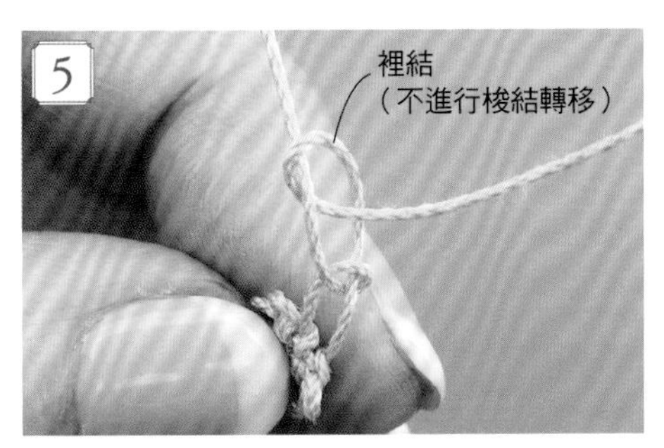

繼續編織裡結，但不進行梭結轉移，直接在梭子線捲繞的狀態下進行編織。

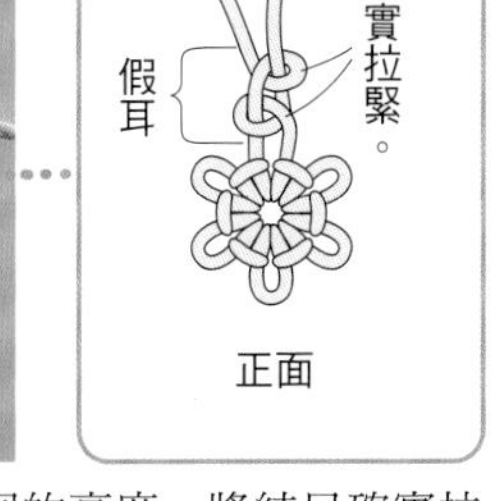

調整至與其他耳相同的高度，將結目確實拉緊，「假耳」編織完成。接著不剪線地繼續往前編織下一段。

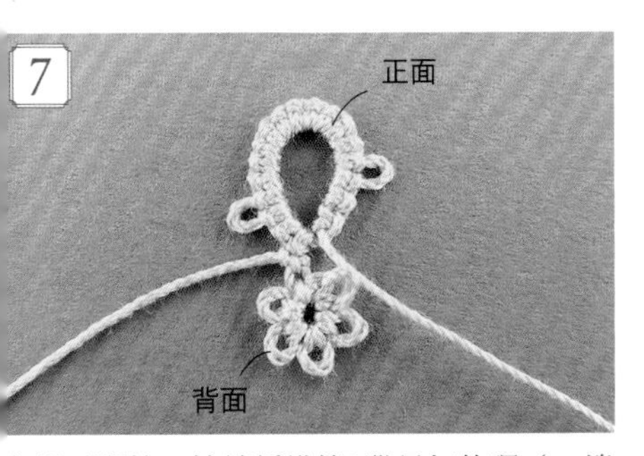

由假耳開始，接續編織第2段最初的環（一邊看著第1段的背面，一邊編織）。

梭線接耳

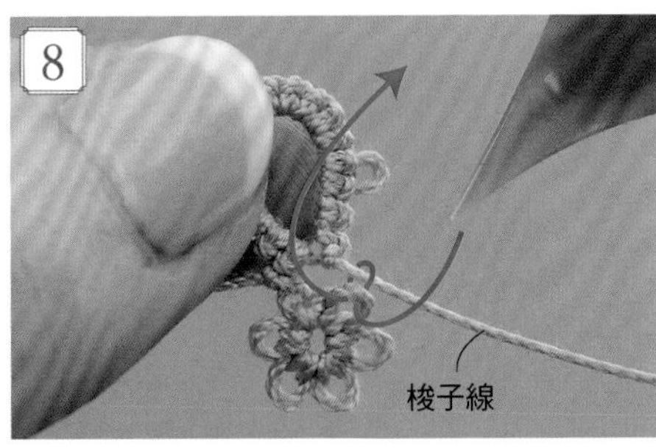

將梭子的尖角穿於第1段的耳中，依箭頭所示，鉤出梭子線。

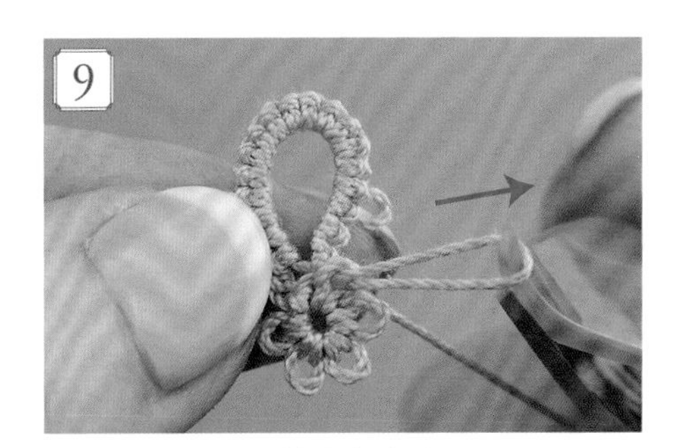

將鉤出的線拉長，擴大成線圈。

※接續次頁。

將梭子穿入擴大的線圈之中。

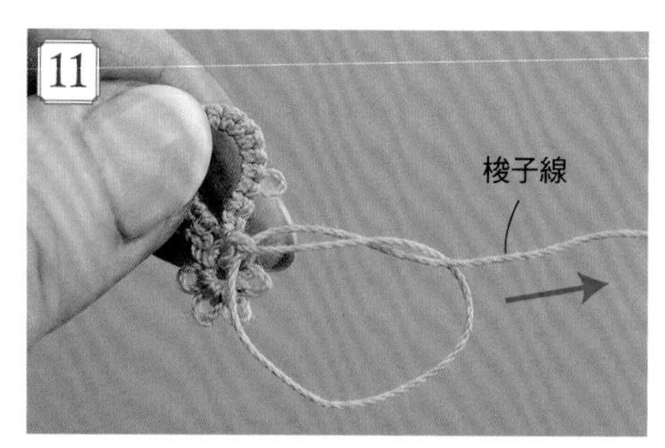

拉動梭子線，將線圈束緊。

束緊線圈，使第1段的耳與第2段併接在一起。

❖ 使用線材

DMC Cebelia #30
1 原色（3865）
2 原色（3865）
薰衣草色（211）
海軍藍（823）
3 原色（3865）
薰衣草色（211）
海軍藍（823）

❖ 其他材料

1 單圈（3mm・銀色）3個
C圈（3×4mm・銀色）4個
耳環五金（耳勾式・鍍銠）1組
2 蜂巢式髮夾（13mm・鍍鎳）1個
淡水珍珠（約3.5×4mm）1顆
3 緞帶束尾夾（6mm・鍍鎳）4個
圓形釦頭的延長鍊組
（附單圈・鍍銠）1組
緞面緞帶（寬5mm・白色）34cm
C圈（3.5×4.5mm・銀色）2個

❖ 工具

梭編用梭子　1個

❖ 作法

1
1. 分別編織花片a（參照P.20）、c、d（參照P.24）。
2. 接上五金配件。

2
1. 分別以指定的色線編織花片a（參照P.20）、c、d（參照P.24）。
2. 疊放3片花片，於中心處接縫淡水珍珠，再以白膠黏貼於蜂巢式髮夾的土台上（不使用蜂巢部分）。

3
1. 依織圖所示，一邊併接花片a至d，一邊編織。
2. 接上緞面緞帶＆五金配件。

1・2 配置組合

1
花片a…1片
花片c…1片
花片d…1片

2
花片a…1片（海軍藍）
花片c…1片（薰衣草色）
花片d…1片（原色）

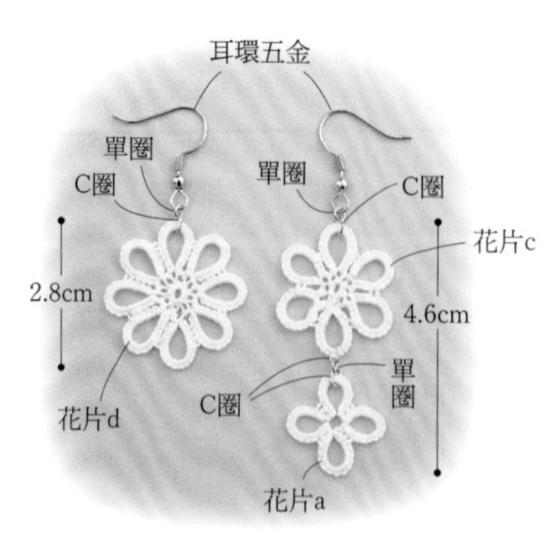

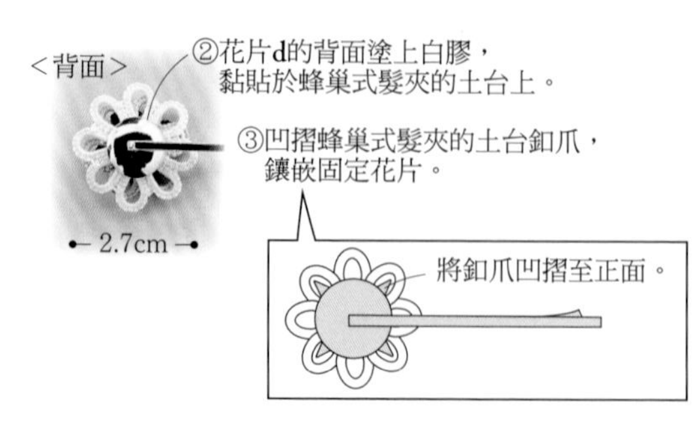

3 花片

※參照P.20與P.24的梭編圖，一邊依照步驟①至⑩的順序併接花片a至d，一邊編織。

●＝C圈接連位置

⑦ a　⑥ c　④ b　⑤ d　⑨ c　⑩ a　③ b　① d　② a　⑧ b

□＝原色
□＝薰衣草色
□＝海軍藍

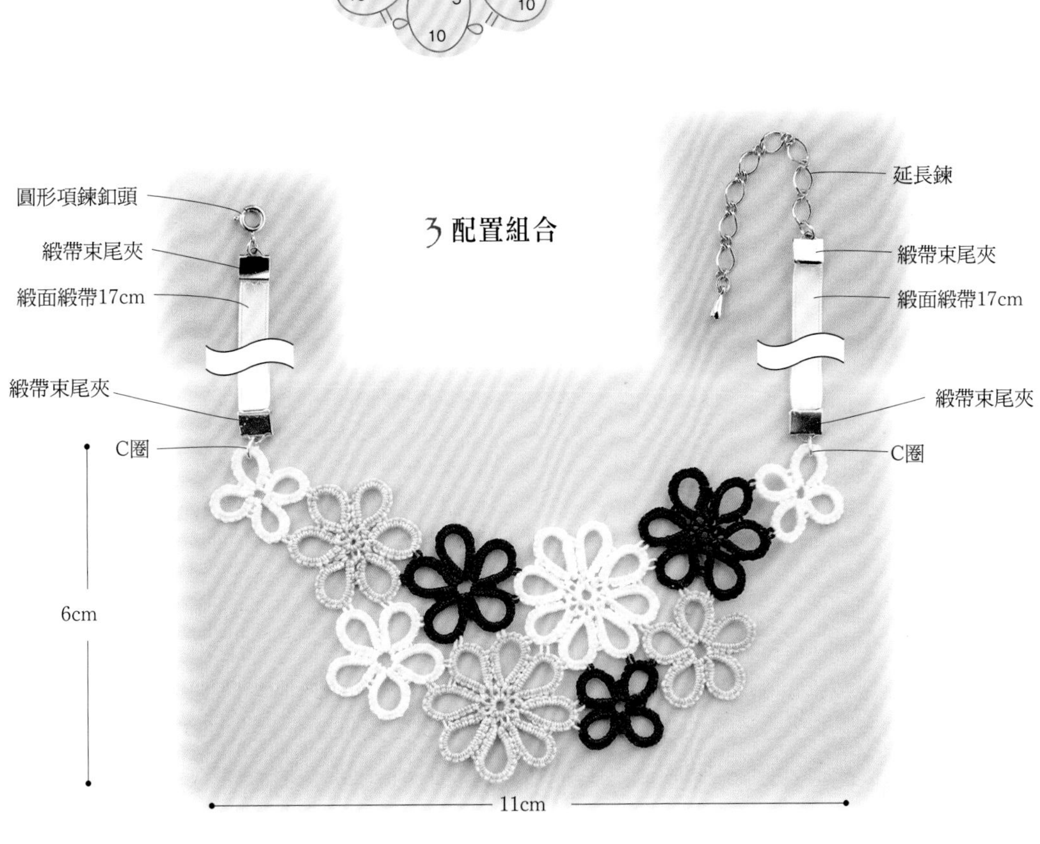

P.18 4・5・6

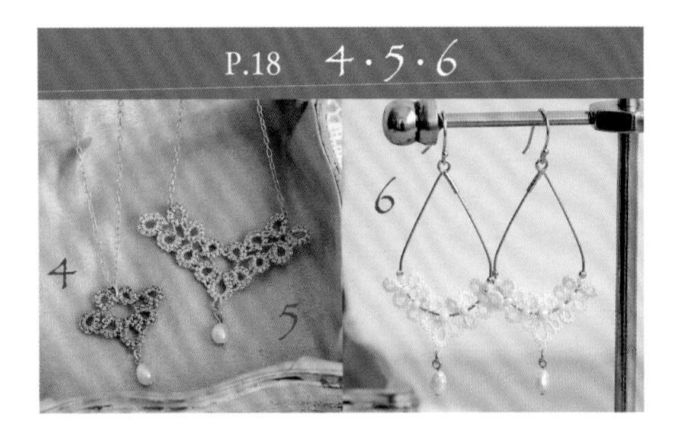

❖ 使用線材
Olympus 梭編蕾絲線
4＜金蔥＞金色（T407）
5＜金蔥＞銀色（T401）
6＜細＞原色（T102）

❖ 其他材料
4 附釦頭的鍊條（金色）38cm
橢圓形C圈（3×4mm・金色）1個
單圈（3mm・金色）1個
T針（20mm・金色）1支
淡水珍珠（約3.5×4mm）1顆
5 附釦頭的鍊條（銀色）38cm
C圈（2×3mm・銀色）2個
單圈（3mm・銀色）1個
T針（20mm・銀色）1支
淡水珍珠（約3.5×4mm）1顆
6 金屬圈式耳環 水滴造型
（20×30mm・鍍銠）2組
耳環五金（U字形・鍍銠）1組
單圈（3mm・銀色）2個
T針（20mm・銀色）2支
淡水珍珠（約3.5×4mm）2顆
小圓珠（白色）12顆
大圓珠（白色）2顆
擋珠（銀色）4顆

❖ 工具
梭編用梭子 1個

❖ 作法
1. 編織花片。
2. 接上五金&珠子等配件。

4 花片

● ＝橢圓形C圈接連位置

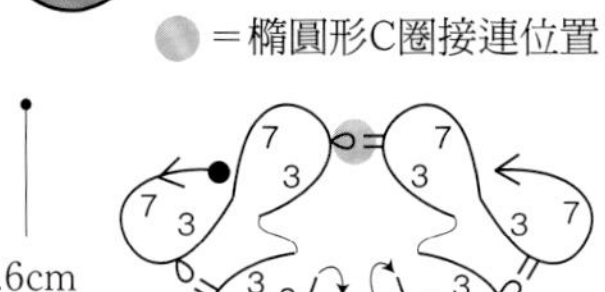

∽ ＝渡線2mm

⟶ ＝梭編圖中雖是分開進行標示，但實際上必須緊接著編織。

❶ 編織「7目・耳・3目」的環。
❷ 進行翻轉，重複1次步驟❶。
❸ 進行翻轉，渡線2mm後，編織「3目・接耳・4目・耳・3目」的環。
❹ 編織「3目・接耳・4目・耳・4目・耳・3目」的環。
❺ 編織「3目・接耳・4目・耳・3目」的環。
❻ 進行翻轉，渡線2mm後，編織「3目・接耳・7目」的環。
❼ 進行翻轉，編織「3目・接耳・7目」的環。

5・6 花片
（5・1片／6・2片）

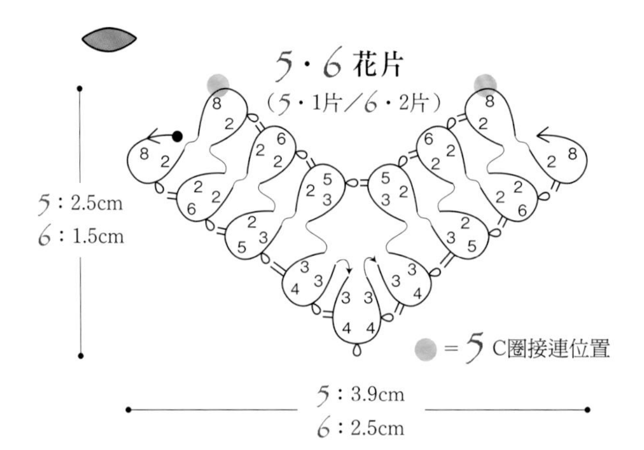

● ＝5 C圈接連位置

❶ 編織「8目・耳・2目」的環。
❷ 進行翻轉，渡線2mm後，重複1次步驟❶。
❸ 進行翻轉，渡線2mm後，編織「2目・接耳・6目・耳・2目」的環。
❹ 重複1次步驟❸。
❺ 進行翻轉，渡線2mm後，編織「2目・接耳・5目・耳・3目」的環。
❻ 重複1次步驟❺。
❼ 進行翻轉，渡線2mm後，編織「3目・接耳・4目・耳・3目」的環。
❽ 編織「3目・接耳・4目・耳・4目・耳・3目」的環。
❾ 編織「3目・接耳・4目・耳・3目」的環。
❿ 進行翻轉，渡線2mm後，編織「3目・接耳・5目・耳・2目」的環。
⓫ 重複1次步驟❿。
⓬ 進行翻轉，渡線2mm後，編織「2目・接耳・6目・耳・2目」的環。
⓭ 重複1次步驟⓬。
⓮ 進行翻轉，渡線2mm後，編織「2目・接耳・8目」的環。
⓯ 重複1次步驟⓮。

配置組合

4

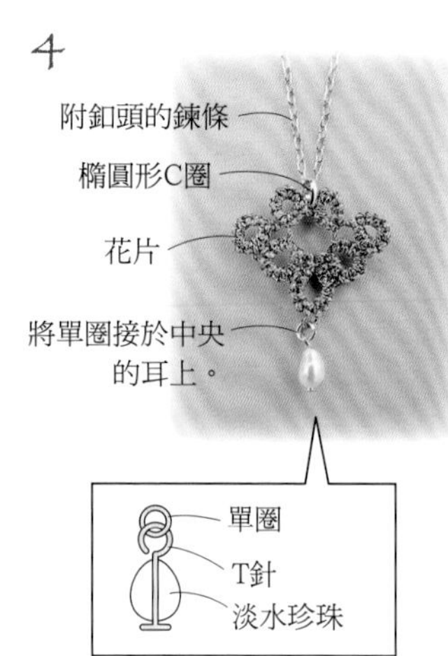

5

將附釦頭的鍊條剪半，連接於C圈上。

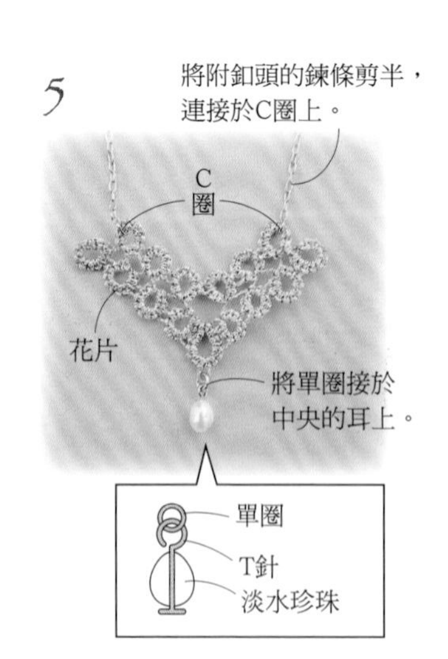

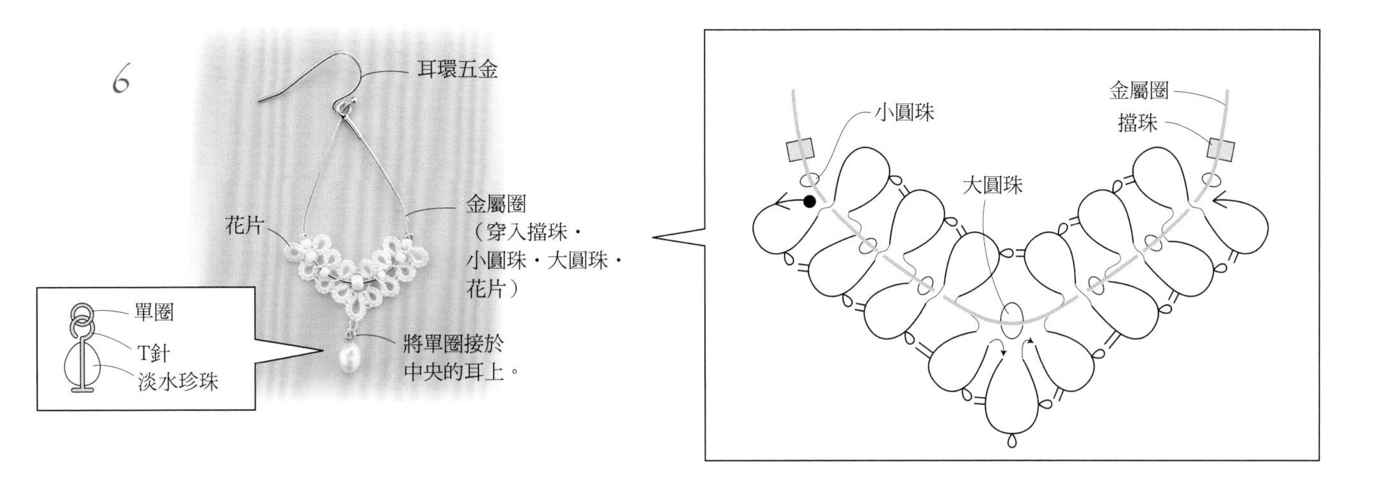

❖ 5・6花片的作法

翻轉

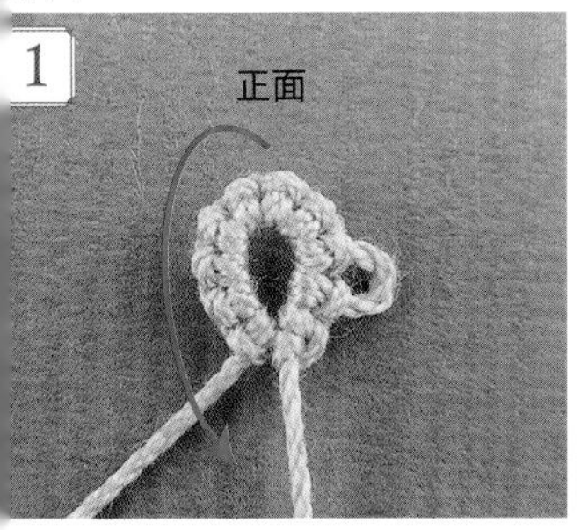

編織最初的環&進行翻轉，再依箭頭所示，上下顛倒翻面。

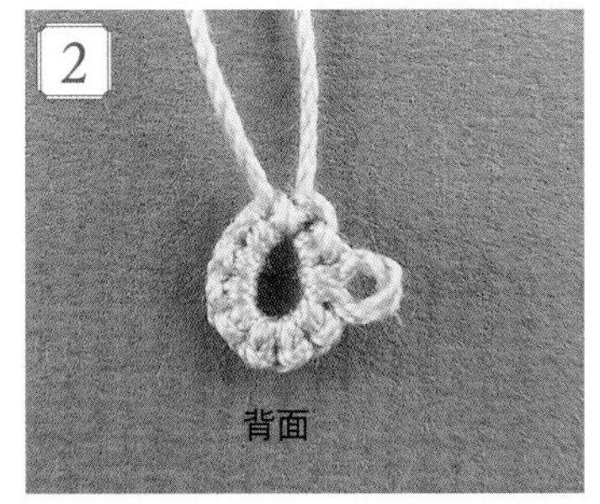

完成翻面後，環呈現朝下的狀態。

渡線

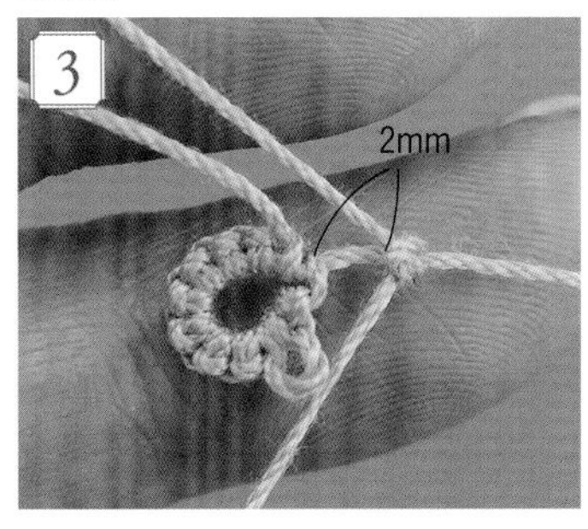

在距離最後結目2mm處，編織第2個環的第1目。

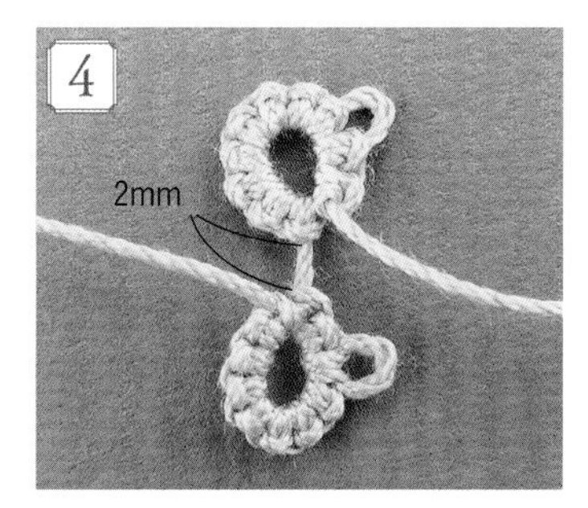

第2個環編織完成，與第1個環之間預留了2mm的渡線。

線頭的處理方法（線端僅有1條時）

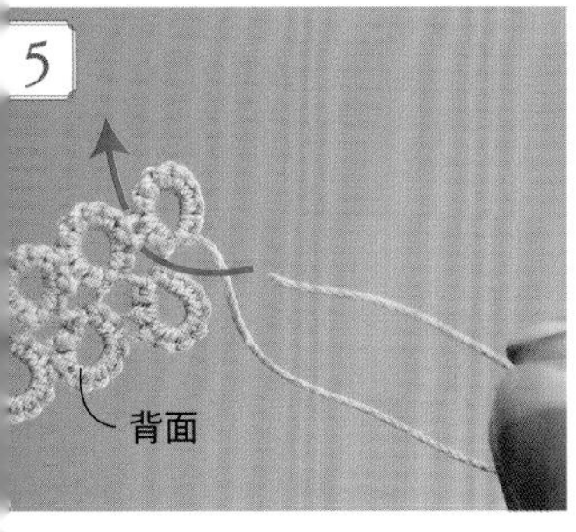

依箭頭所示，將線端穿入環與環的空隙之間。

依箭頭所示，拉動線端，打1次結。

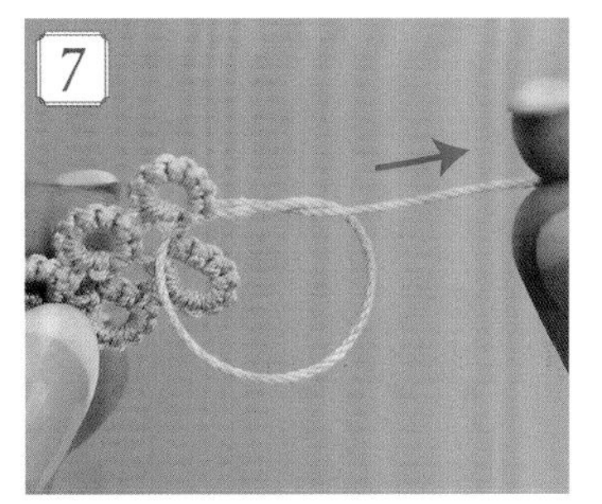

拉動線端，束緊結目。

線端倒向花片側，結目塗上線端防綻液，並將線端剪短。

❖ 使用線材
DMC Cordonnet Special #40
淺駝色（ECRU）
❖ 其他材料
耳環五金（耳勾式・銀色）1組
單圈（3.5mm・銀色）2個
單圈（3mm・銀色）2個
❖ 工具
梭編用梭子　1個

❖ 作法
1. 編織花片。
2. 接上五金等配件。

配置組合

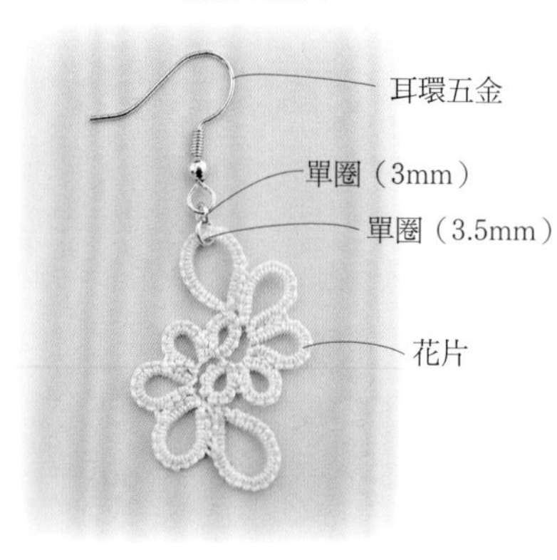

花片（2片）

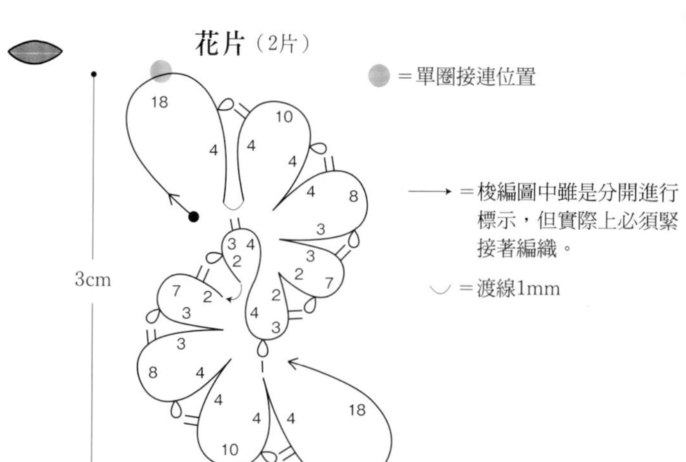

❶ 編織「8目・耳・4目」的環。
❷ 渡線1mm後，編織「4目・接耳・10目・耳・4目」的環。
❸ 編織「4目・接耳・8目・耳・3目」的環。
❹ 編織「3目・接耳・7目・耳・2目」的環。
❺ 編織「2目・接耳・3目・耳・4目」的環。
❻ 進行翻轉，編織「4目・於渡線上接耳・3目・耳・2目」的環。
❼ 編織「2目・接耳・7目・耳・3目」的環。
❽ 編織「3目・接耳・8目・耳・4目」的環。
❾ 編織「4目・接耳・10目・耳・4目」的環。
❿ 與步驟❺環的耳進行梭線接耳。
⓫ 編織「4目・接耳・18目」的環。

❖ 花片的作法

於渡線上接耳

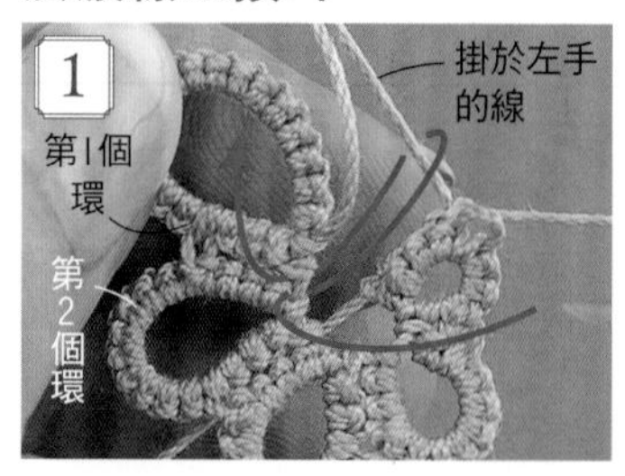

編織至第5個環為止，進行翻轉。第6個環編織到中途，依箭頭所示，將梭子穿入第1、2個環之間的渡線，鉤出掛於左手的線。

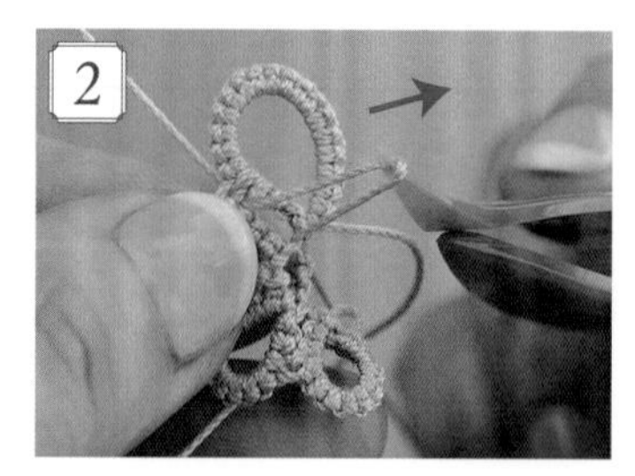

將鉤出的線拉長，擴大成線圈後，鑽入梭子，進行接耳。

接耳完成，接續編織未完成的第6個環。

第6個環編織完成。

P.19 8・9

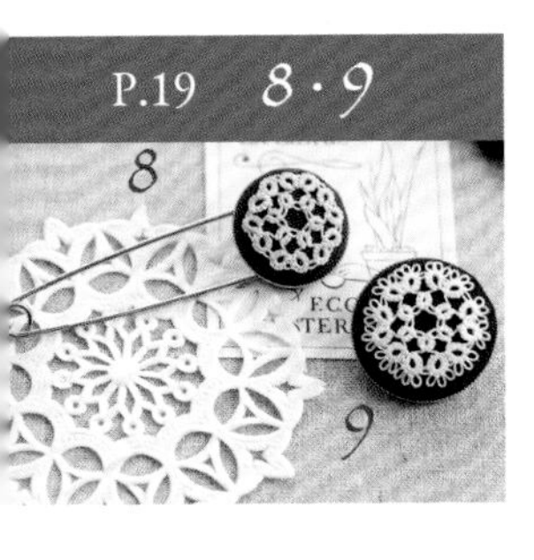

使用線材

ARUMA 蕾絲線 #60

淺駝色（2）

白色（1）

其他材料

附包釦五金的蘇格蘭別針
（25mm・圓形・銀色）1個
布片（亞麻布）5×5cm

附包釦五金的胸針座台
（30mm・圓形・銀色）1個
布片（亞麻布）5×5cm

工具

梭編用梭子　1個

作法

. 編織花片。
. 以布片包覆包釦五金，
作品8黏貼於蘇格蘭別針上，
作品9則黏貼於胸針座台上。
. 將花片黏貼於布片上。

 ＝渡線2mm

8 花片

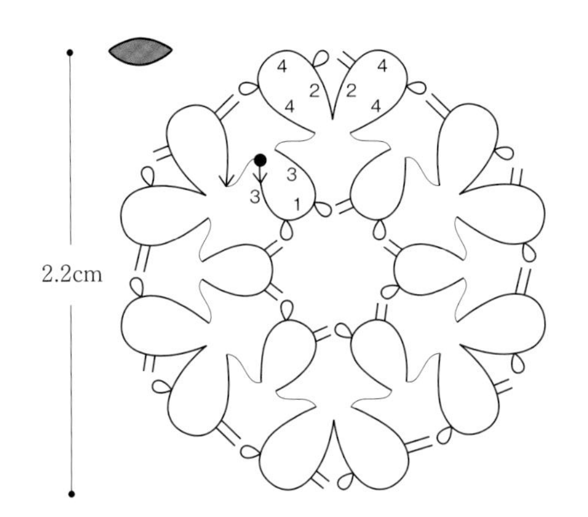

❶ 編織「3目・耳・1目・耳・3目」的環。
❷ 進行翻轉，渡線2mm後，編織「4目・耳・4目・耳・2目」的環。
❸ 編織「2目・接耳・4目・耳・4目」的環。
❹ 進行翻轉，渡線2mm後，編織「3目・接耳・1目・耳・3目」的環。
❺ 進行翻轉，渡線2mm後，編織「4目・接耳・4目・耳・2目」的環。
❻ 重複1次步驟❸。
❼ 重複4次步驟❹至❻（最後的接耳進行2次翻摺接耳）。
❽ 渡線2mm後，與起編處的線端打結，進行線頭收尾處理。

9 花片

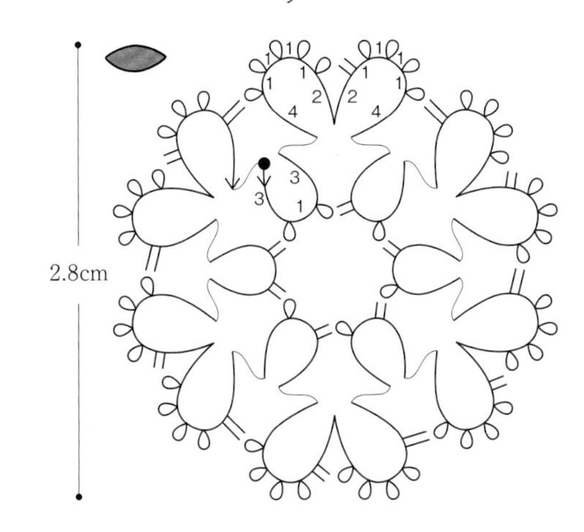

❶ 編織「3目・耳・1目・耳・3目」的環。
❷ 進行翻轉，渡線2mm後，編織「4目・耳・『1目・耳』×4次・2目」的環。
❸ 編織「2目・接耳・『1目・耳』×4次・4目」的環。
❹ 進行翻轉，渡線2mm後，編織「3目・接耳・1目・耳・3目」的環。
❺ 進行翻轉，渡線2mm後，編織「4目・接耳・『1目・耳』×4次・2目」的環。
❻ 重複1次步驟❸。
❼ 重複4次步驟❹至❻（最後的接耳進行2次翻摺接耳）。
❽ 渡線2mm後，與起編處的線端打結，進行線頭收尾處理。

配置組合

8

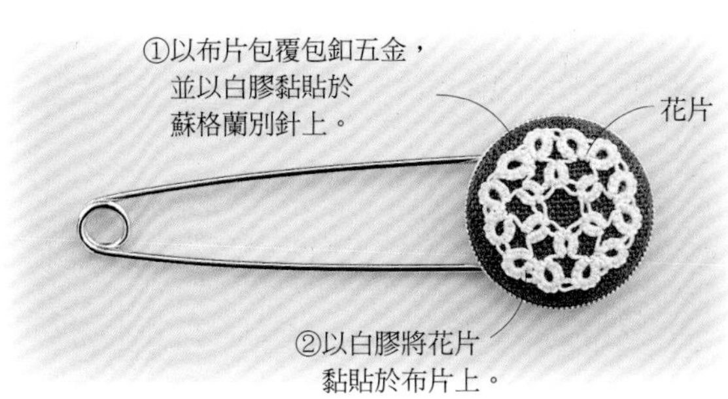

9

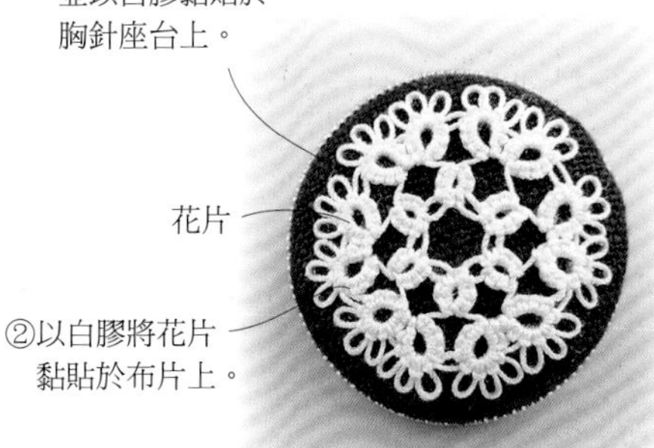

使用梭子＆線球

雙手分別手持梭子＆線球，設計的幅度會更為寬廣。

使用線材

e-1→DARUMA蕾絲線 #40紫野
e-2→Olympus 梭編蕾絲線<細>
e-3→DMC Cebelia #30
f-1→DMC Special Dentelles #80
f-2→DARUMA蕾絲線 #60
f-3→DARUMA蕾絲線 #40紫野

作法

e→P.40
f→P.41

翩翩搖曳的花朵胸針

懸掛上e・f花片，隨著身體動作輕盈搖曳的可愛胸針。
直接將單圈穿於花片上即可完成連接，作法是不是很簡單呢？

使用線材　10→DARUMA蕾絲線 #30葵
11→DARUMA蕾絲線 #40紫野

作法　P.42

＊本頁的花片為原寸大小。

方形圖案織片

方正的輪廓極易併接&可延伸出無窮的變化，為其魅力所在。h是於g的邊緣再加上耳的編織。

使用線材

g-1→DARUMA蕾絲線 #30葵
g-2→DMC Cebelia #30
g-3→DARUMA蕾絲線 #60

h-1→DARUMA蕾絲線 #40紫野
h-2→Olympus 梭編蕾絲線＜中＞
h-3→Olympus 梭編蕾絲線＜細＞

作法

g→P.42
h →P.43

花片併接的裝飾墊

以紫色&原色的g花片，進行四片併接的裝飾墊。不論是布置成框飾，或作成杯墊皆宜。

12

使用線材　DARUMA蕾絲線 #30葵

作法　P.43

杯子&托盤／malto

約瑟芬結頸鍊&手環

將以約瑟芬結點綴編織而成的梭編飾帶，製作成頸鍊&手環。
一邊進行梭編打結，一邊調節至喜歡的長度，
享受為自己量身定作的樂趣吧！

使用線材　Olympus 梭編蕾絲線<中>

作法　P.44

六角形迷你裝飾墊

簡單地擺放上六角形花片，就能呈顯出奢華的美感。試著當作迷你尺寸的裝飾墊使用，點綴上小飾品或花瓶吧！

使用線材　15・16 →DARUMA蕾絲線 #40紫野
17 →DARUMA蕾絲線 #30葵

作法　P.46

心形耳環&項鍊

令人想要成組配戴的可愛花片。作品18的小耳環可以立即編織完成。作品19的項鍊，則是以作品18的花片為基底，增加數段後，編織成大大的心形花片。

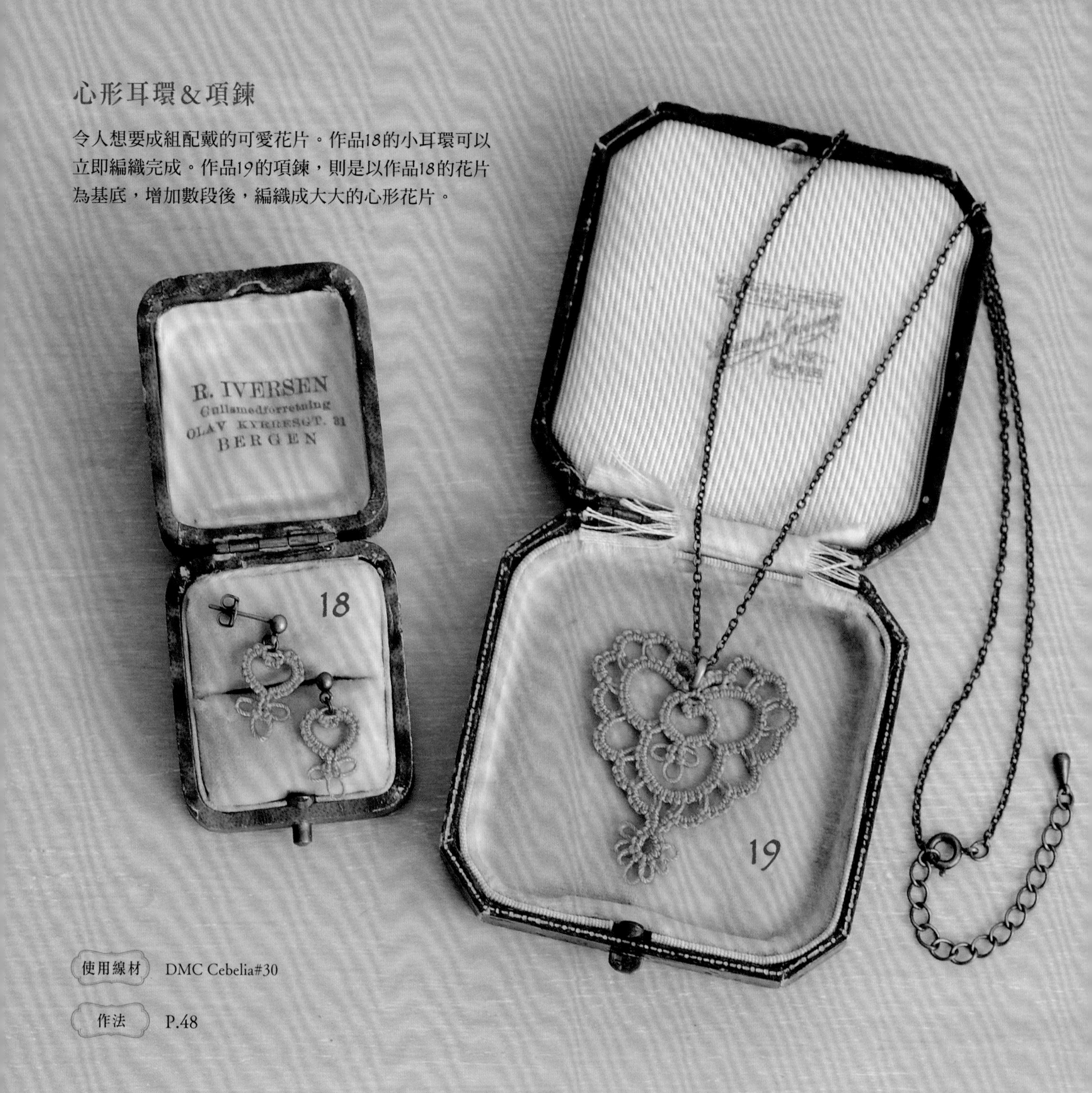

使用線材 DMC Cebelia#30

作法 P.48

小巧胸花

少女風的立體花朵胸針。細密的花瓣猶如鉤織作品一般，螺旋狀的花莖則是以螺旋結編織。作品20將3朵、作品21將2朵、作品22將5朵花，分別綁成花束即完成。

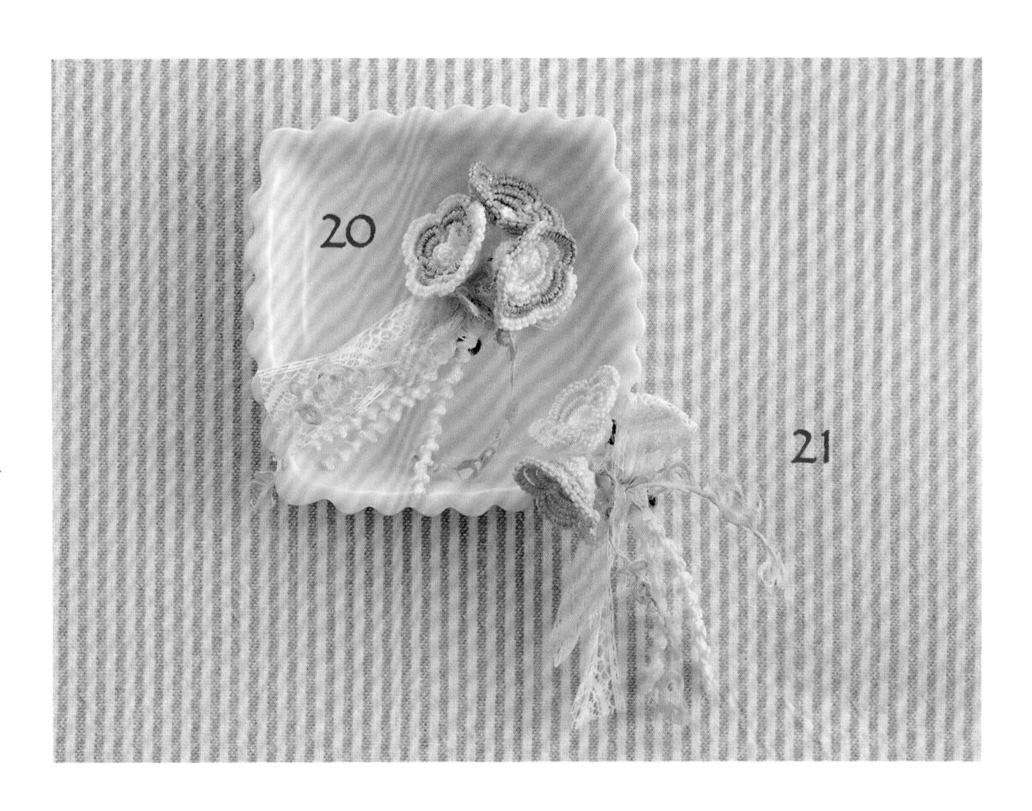

使用線材　DARUMA蕾絲線 #40紫野

作法　P.46

P.32 花片e的作法

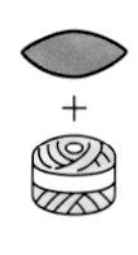

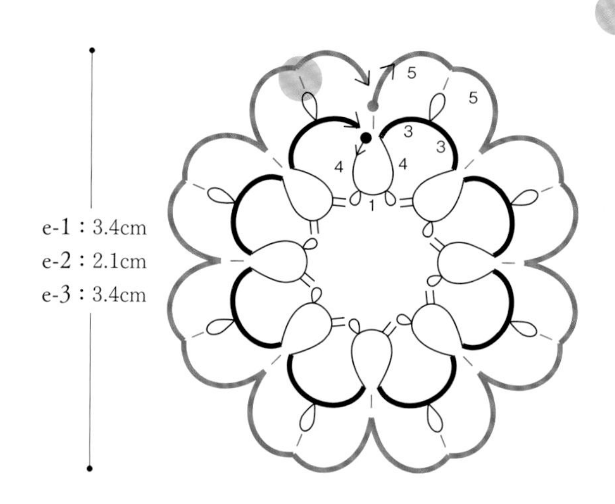

使用線材

e-1
DARUMA 蕾絲線 #40 紫野
原色（2）

e-2
Olympus
梭編蕾絲線<細>
原色（T102）

e-3
DMC Cebelia＃30
淺駝色（ECRU）

工具

梭編用梭子　1個

《第1段》

❶ 編織「4目・耳・1目・耳・4目」的環。
❷ 進行翻轉，編織「3目・耳・3目」的架橋。
❸ 進行翻轉，編織「4目・接耳・1目・耳・4目」的環。
❹ 重複6次步驟❷與❸。
❺ 重複1次步驟❷。

《第2段》

❶ 與第1段的環根部進行梭線接耳。
❷ 編織5目的架橋。
❸ 與第1段的耳進行梭線接耳。
❹ 編織5目的架橋。
❺ 重複7次步驟❶至❹。

❖ 花片e的作法

※為使作法淺顯易懂，在此改以不同色線進行解說。

第1段的收編（線端各剩下2條時）

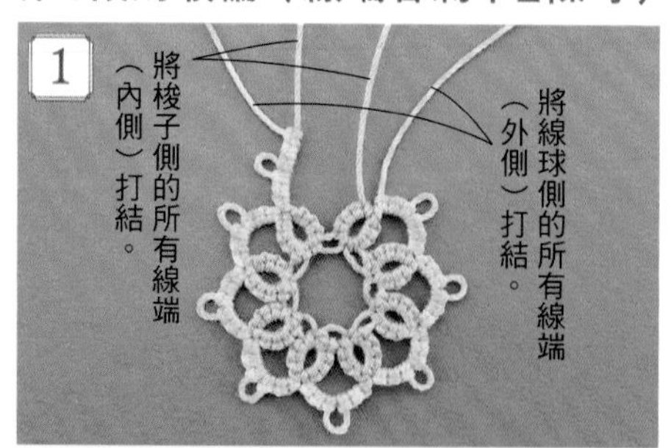

將梭子側的所有線端（內側），線球側的所有線端（外側）分別打結。

完成打結，結目塗上線端防綻液，進行收尾處理。

第2段的起編

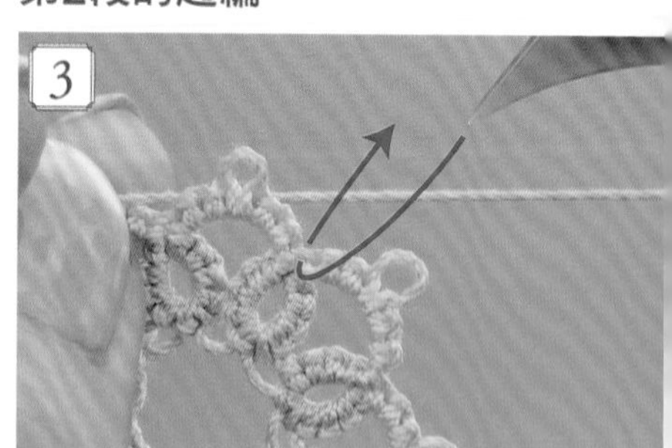

第2段起編，依箭頭所示，將梭子的尖角穿入第1段的環根部。

將梭子線掛於尖角上，依箭頭所示，將線拉出。

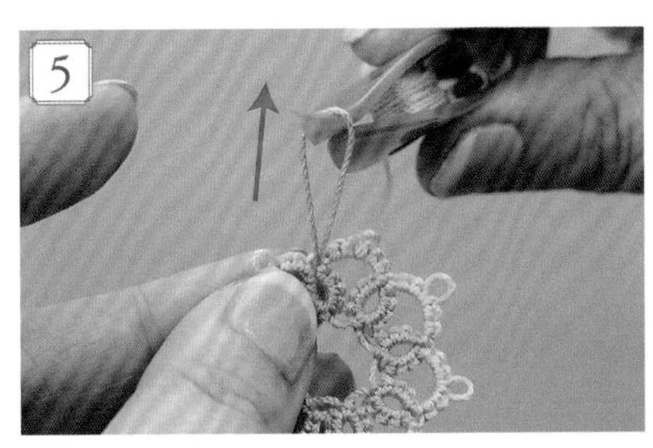

將鉤出的線拉長，擴大成線圈後，鑽入梭子，進行梭線接耳。

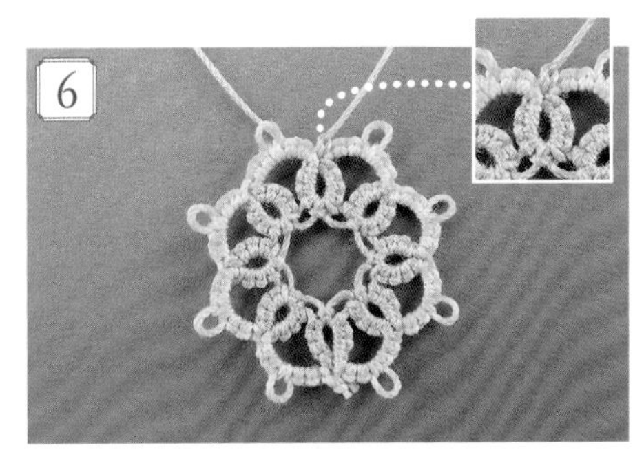

梭線接耳編織完成，再由此開始編織第2段。

P.32 花片f的作法

使用線材

f-1
DMC Special Dentelles #80
淺駝色（ECRU）
f-2
DARUMA 蕾絲線 #60
淺駝色（2）
f-3
DARUMA 蕾絲線 #40紫野
原色（2）

梭編用梭子　1個

f-1：2.5cm
f-2：2.8cm
f-3：3.6cm

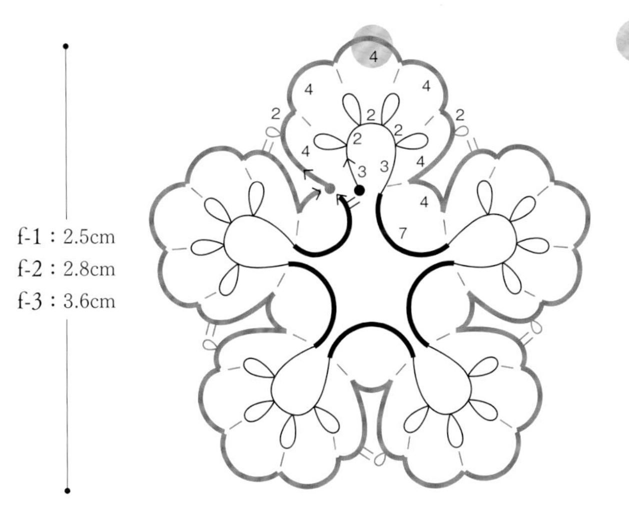

=P.42 10
C圈接連位置

《第1段》
❶ 編織「3目・耳・『2目・耳』×3次・3目」的環。
❷ 進行翻轉，編織7目的架橋。
❸ 進行翻轉，編織「3目・耳・『2目・耳』×3次・3目」的環。
❹ 進行翻轉，編織7目的架橋。
❺ 重複3次步驟❸與❹。
❻ 與步驟❶的環根部進行接耳。
《第2段》
❶ 接續編織「4目・耳・2目」的架橋，與第1段的耳進行梭線接耳。
❷ 編織「4目的架橋，與第1段的耳進行梭線接耳」×3次。
❸ 編織「2目・耳・4目」的架橋，與第1段的環根部進行梭線接耳。
❹ 編織4目的架橋，與第1段的環根部進行梭線接耳。
❺ 重複4次步驟❶至❹（最後與步驟❶架橋的第一個耳進行接耳時，進行2次翻摺接耳）。

開始編織

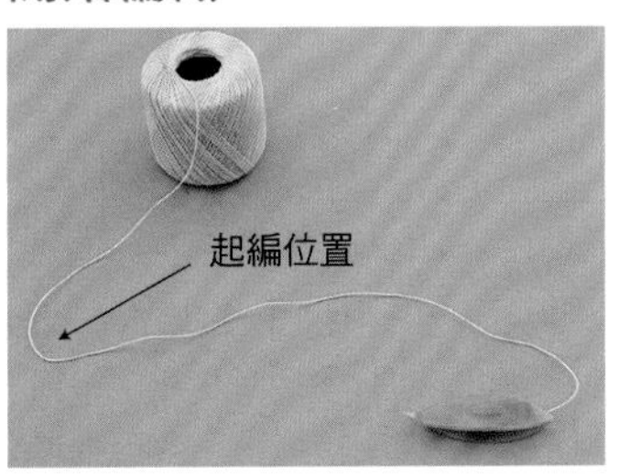

在梭子連結線球的狀態下開始編織作品。

✤ 使用線材
DARUMA蕾絲線
10 #30葵　淺駝色（3）
11 #40紫野　淺駝色（3）

✤ 其他材料
蘇格蘭單圈別針
（10・40mm／11・35mm 仿古鍍黃銅）1個
造型單圈
（螺旋造型・6mm・仿古鍍黃銅）1個

✤ 工具
梭編用梭子　1個

✤ 作法
1. 作品10編織花片f（參照P.41），
   作品11編織花片e（參照P.40）。
2. 接上五金等配件。

配置組合

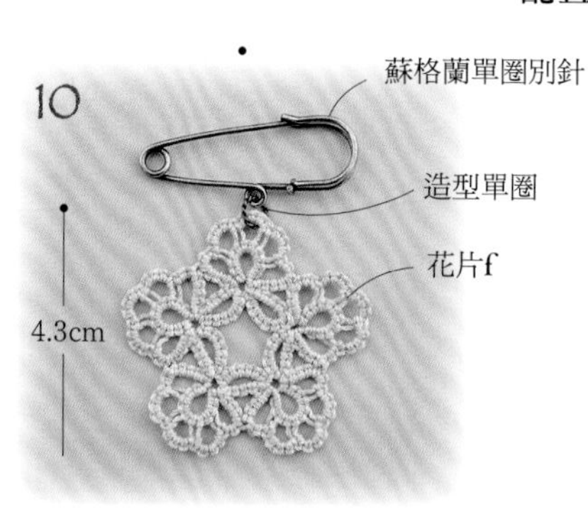

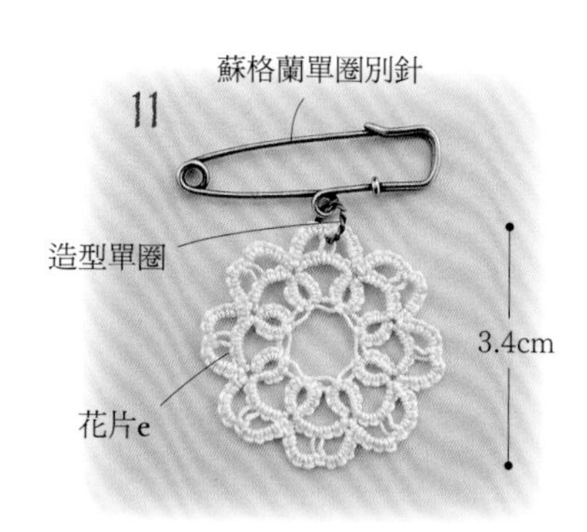

P.34 花片g的作法

使用線材

g-1
DARUMA 蕾絲線 #30葵
原色（2）

g-2
DMC Cebelia #30
淺駝色（ECRU）

g-3
DARUMA蕾絲線 #60
淺駝色（2）

工具

梭編用梭子　1個

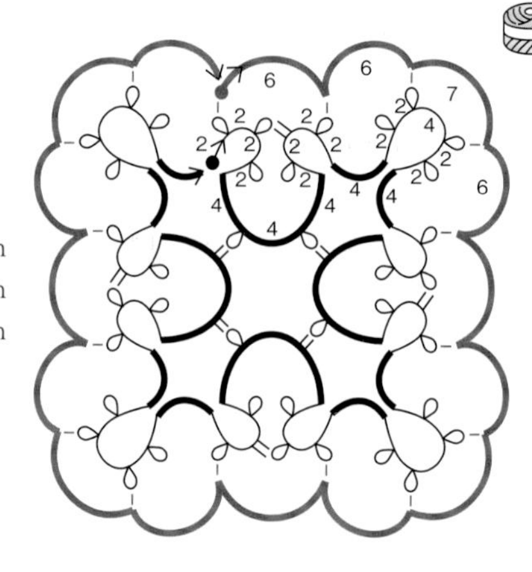

《第1段》
❶ 編織「『2目・耳』×3次・2目」的環。
❷ 進行翻轉，編織「4目・耳・4目・耳・4目」的架橋。
❸ 進行翻轉，編織「2目・耳・2目・接耳・2目・耳・2目」的環。
❹ 進行翻轉，編織4目的架橋。
❺ 進行翻轉，編織「『2目・耳』×2次・4目・『耳・2目』×2次」的環。
❻ 重複1次步驟❹。
❼ 進行翻轉，重複1次步驟❶。
❽ 進行翻轉，編織「4目・接耳・4目・耳・4目」的架橋。
❾ 重複2次步驟❸至❽。
❿ 重複1次步驟❸至❻。

《第2段》
❶ 與第1段的耳進行梭線接耳。
❷ 編織6目的架橋，與第1段的耳進行梭線接耳。
❸ 重複1次步驟❷。
❹ 編織7目的架橋，與第1段的耳進行梭線接耳。
❺ 重複1次步驟❷。
❻ 重複3次步驟❷至❺。

P.34 花片h的作法

使用線材

h-1
DARUMA 蕾絲線 #40紫野
原色（2）

h-2
Olympus
梭編蕾絲線<中>
原色（T202）

h-3
Olympus
梭編蕾絲線<細>
原色（T102）

工具

梭編用梭子　1個

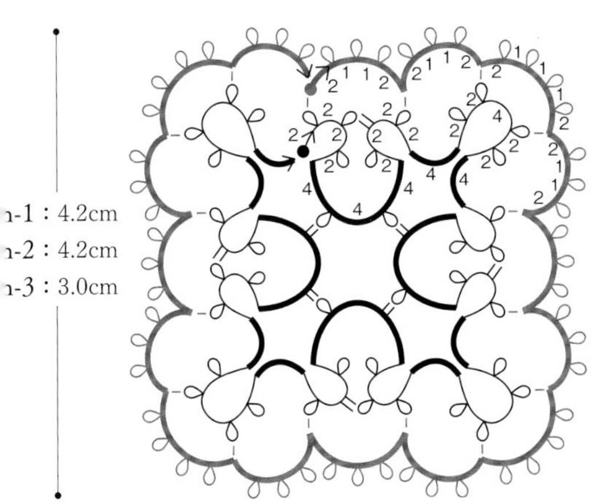

《第1段》
依P.42花片g相同作法進行編織。
《第2段》
❶ 與第1段的耳進行梭線接耳。
❷ 編織「2目・『耳・1目』×2次・耳・2目」的架橋，與第1段的耳進行梭線接耳。
❸ 重複1次步驟❷。
❹ 編織「2目・『耳・1目』×3次・耳・2目」的架橋，與第1段的耳進行梭線接耳。
❺ 重複1次步驟❷。
❻ 重複3次步驟❷至❺。

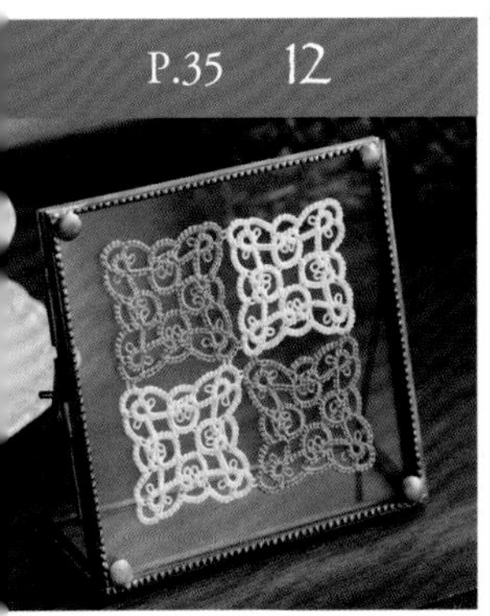

使用線材
DARUMA蕾絲線 #30葵
原色（2）
淺紫色（18）

工具
梭編用梭子　1個

作法
1. 編織1片花片。
2. 第2片以後，請在編織第2段時，一邊與相鄰的花片併接，一邊編織。

裝飾墊

※依1至4的順序編織。

※依P.42花片g相同作法製作，編織第2段邊角處的架橋時，依梭編圖所示，編織耳。第2片以後，一邊於邊角處進行接耳，一邊編織。

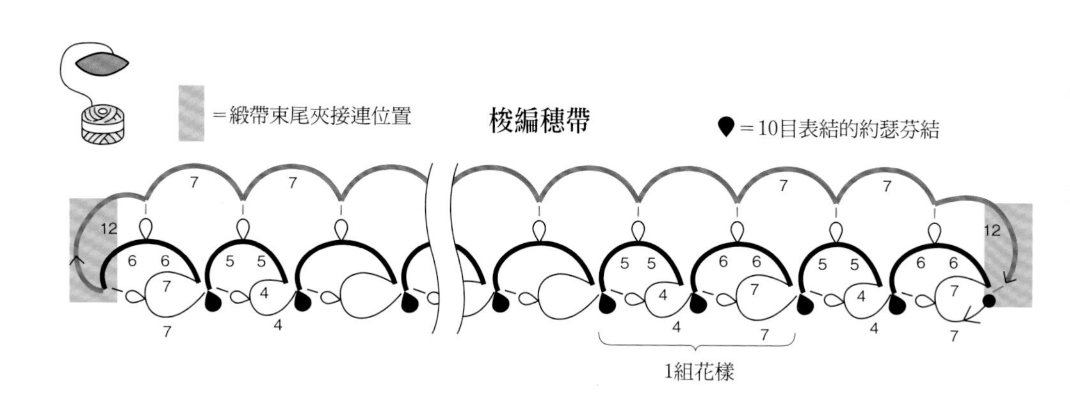

13：31.3cm（16.5組花樣）
14：14.5cm（7.5組花樣）

✤ 使用線材

Olympus梭編蕾絲線
13 ＜中＞黑色（T218）
14 ＜中＞原色（T202）

✤ 其他材料

13 緞帶束尾夾（10㎜・銀色）2個
圓形釦頭的延長鍊組
（附單圈・鍍銠）1組
淡水珍珠（10.5×11.5㎜）1顆
橢圓形C圈（3×4㎜・銀色）1個
T針（20㎜・銀色）1支
單圈（3.5㎜・銀色）1個
14 緞帶束尾夾（10㎜・銀色）2個
圓形項鍊釦頭（附單圈・鍍銠）1組

✤ 工具

梭編用梭子 1個

✤ 作法

1. 編織梭編穗帶。
2. 接上五金等配件。

《第1段》
❶ 編織「7目・耳・7目」的環。
❷ 進行翻轉，編織「6目・耳・6目」的架橋，與步驟❶的耳進行梭線接耳。
❸ 進行翻轉，編織表結10目的約瑟芬結。
❹ 編織「4目・耳・4目」的環。
❺ 進行翻轉，編織「5目・耳・5目」的架橋，與步驟❹的耳進行梭線接耳。
❻ 進行翻轉，編織10目表結的約瑟芬結。
❼ 依指定次數重複步驟❶至❻。

《第2段》
❶ 為使左右相反進行翻面，依裡結的編織要領打結一次（參照P.61）。
❷ 接續編織12目的架橋，與第1段的耳進行梭線接耳。
❸ 編織7目的架橋，與第1段的耳進行梭線接耳。
❹ 依指定次數重複步驟❸。
❺ 編織12目的架橋，與第1段最初的環根部進行梭線接耳。

配置組合

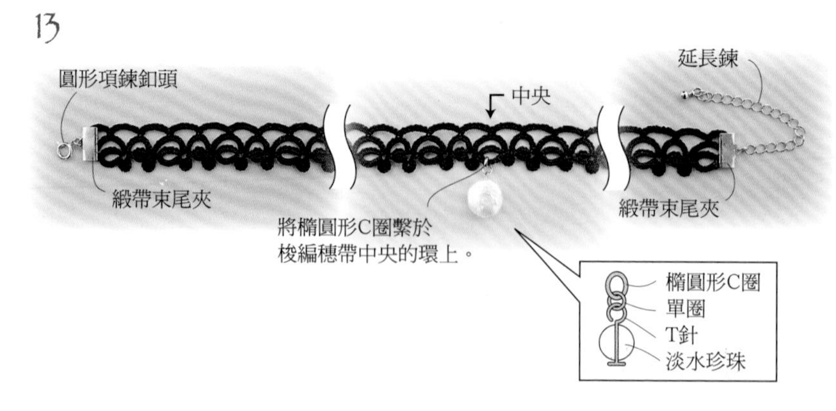

14
圓形項鍊釦頭
延長鍊
緞帶束尾夾
緞帶束尾夾

❖ 梭編穗帶的作法

瑟芬結

謂的約瑟芬結，係指僅重複編織表裡結的表結（或僅編織裡結）的編結方法。

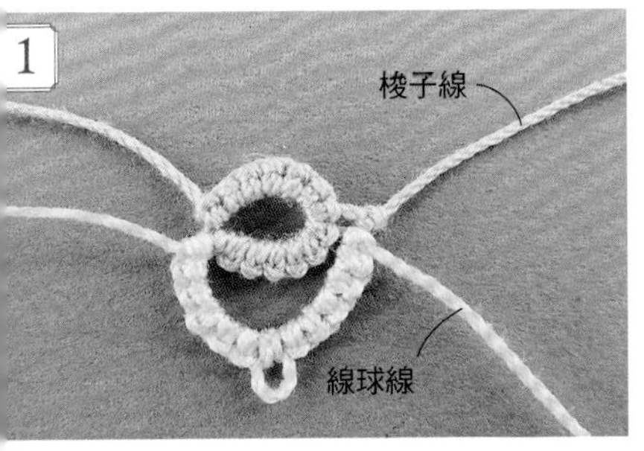

織至約瑟芬結前側的架橋為止，與環的耳進梭線接耳，再進行翻轉。※圖示中為使作法顯易懂，因此將梭子線＆線球線分別改以不色線進行解說，但實際上是在以梭子連結線的狀態下進行編織。

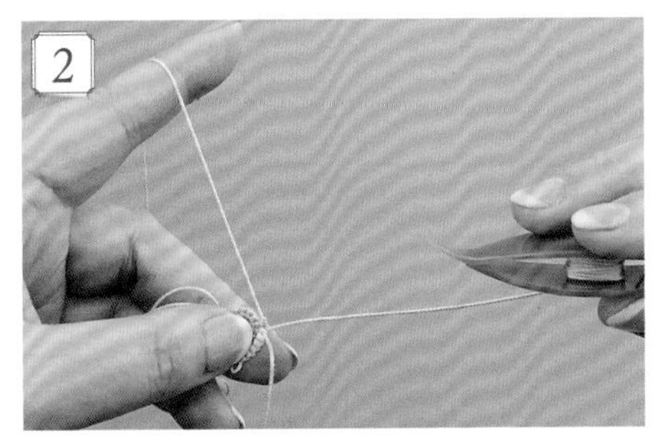

依編織環的要領，將梭子線掛於左手上。

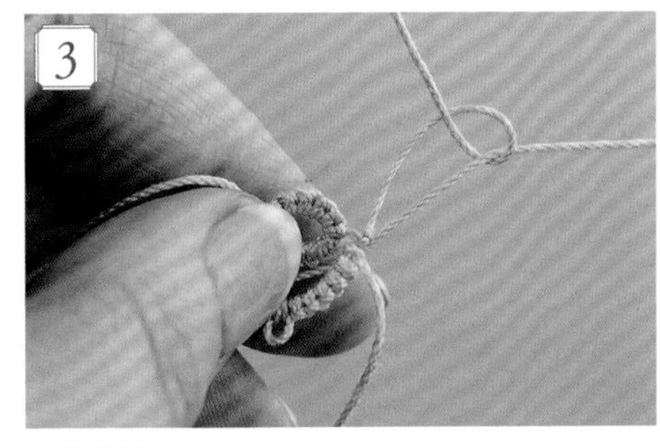

編織表結。

部僅編織10目表結。

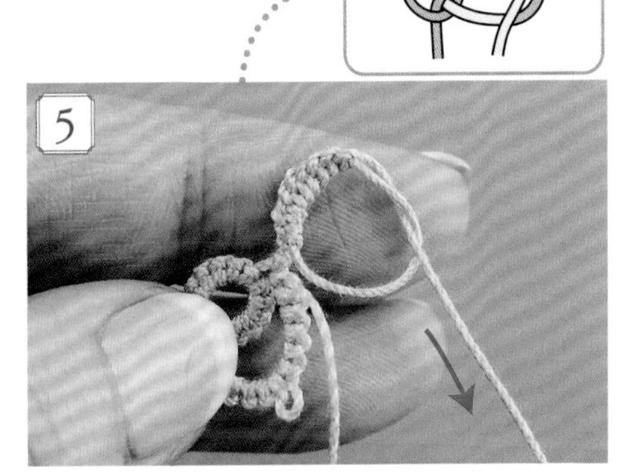

拉線，將線圈束緊。

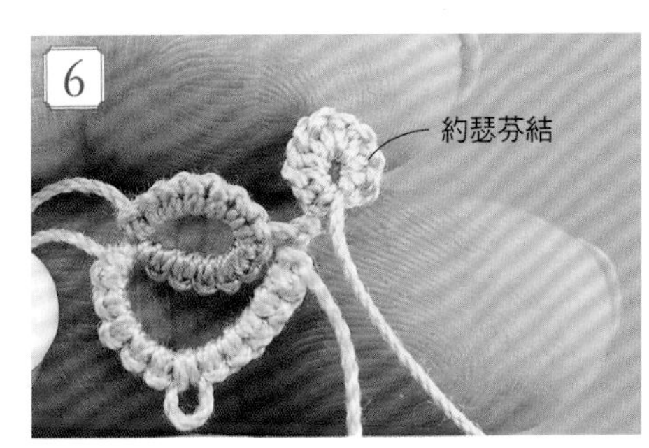

約瑟芬結完成。

五金配件的使用方法

單圈・C圈

單圈的接縫朝上，以鉗子夾住。

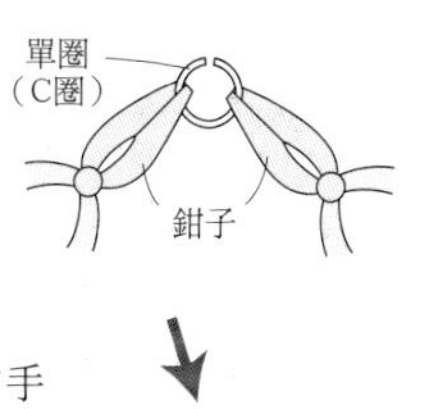

將左手往內轉，右手往外轉，打開接縫處。將配件等物品穿入已打開的接縫中之後，再次逆向轉動，關閉接縫。

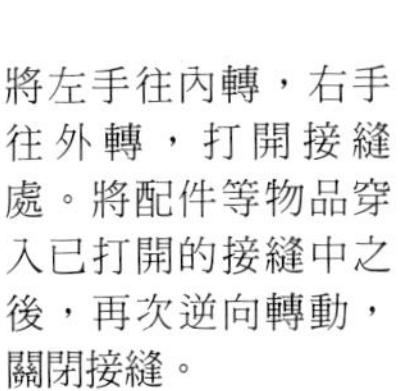

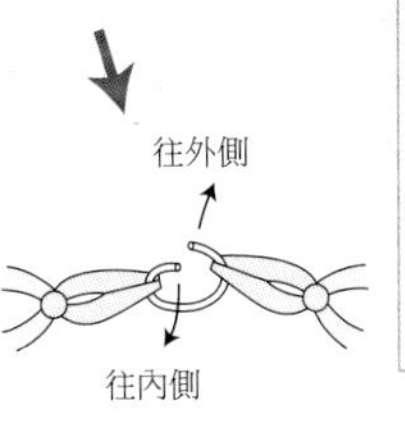

○ ×

如果像✕圖示般往左右打開，將無法漂亮地重新接合成圈狀，請特別注意！

T針

將珠子等物穿入T針後，將前端繞成圈狀。

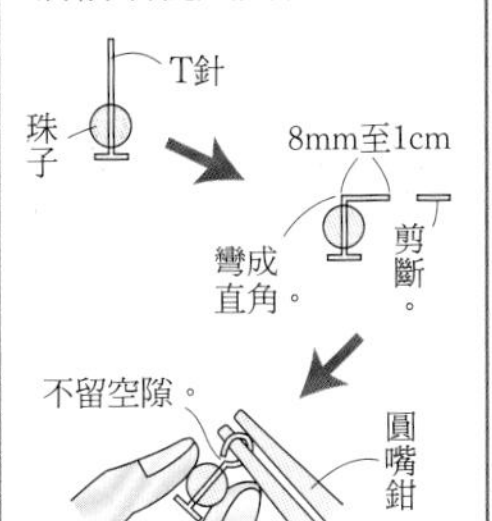

※注意！

隨著作品的編織，蕾絲線可能會出現扭轉的情況，尤其約瑟芬結僅以表結逐一編織而成，更是容易出現線材扭轉的現象。因此建議於編織中途，如圖示作法，一手拉住蕾絲線，讓梭子懸掛在空中，任其自然旋轉至恢復線材原狀。線材出現扭轉現象時若放任不管，在拉緊線時，很可能因為線材打結而斷線，導致編織作業難以進行。

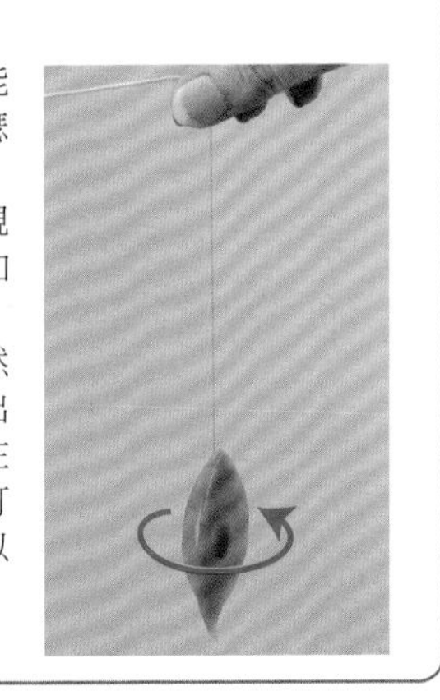

❖ 使用線材

15 DARUMA蕾絲線 #40紫野 原色（2）

16 DARUMA蕾絲線 #40紫野 淺茶色（17）

17 DARUMA蕾絲線 #30葵 淺駝色（16）

❖ 工具

梭編用梭子 1個

❖ 作法

編織花片。

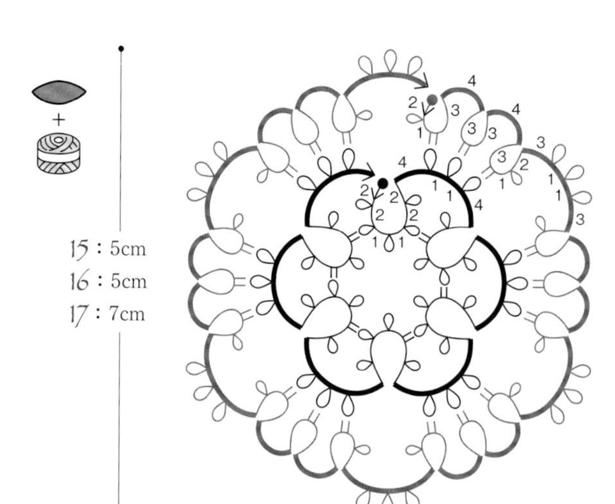

《第1段》

❶ 編織「『2目・耳』×2次・『1目・耳』×2次・2目・耳・2目」的環。
❷ 進行翻轉，編織「4目・耳・1目・耳・1目・耳・4目」的架橋。
❸ 進行翻轉，編織「2目・耳・2目・接耳・『1目・耳』×2次・2目・耳・2目」的環。
❹ 重複4次步驟❷與❸。
❺ 重複1次步驟❷。

《第2段》

❶ 編織「2目・耳・1目・與第1段的耳進行接耳・3目」的環。
❷ 進行翻轉，編織4目的架橋。
❸ 進行翻轉，編織「3目・與第1段的耳進行接耳・3目」的環。
❹ 重複1次步驟❷。
❺ 進行翻轉，編織「3目・與第1段的耳進行接耳・1目・耳・2目」的環。
❻ 進行翻轉，編織「3目・耳・1目・耳・1目・耳・3目」的架橋。
❼ 進行翻轉，重複5次步驟❶至❻。

❖ 使用線材

DARUMA蕾絲線 #40 紫野

20 原色（2）
淺紫色（14）
紫色系混色（絣染59）

21 原色（2）
薄荷綠（11）
水藍色（12）

22 原色（2）
淺駝色（3）

❖ 其他材料

蕾絲（寬15mm）16mm
花式紗線 10cm
安全別針
（20至21・17mm／22・20mm 仿古鍍金）1個

❖ 工具

梭編用梭子 1個

❖ 作法

1. 編織花瓣・花莖・花蕊。
2. 將花莖穿入花瓣中心處。
3. 依梭編圖所示，
綁束步驟2的花莖部分，
並接上胸針＆蕾絲。

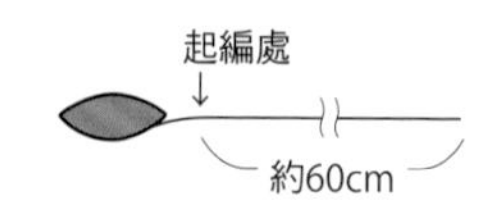

╋╋╋ ＝螺旋結
● ＝表目7目的約瑟芬結

花莖・花蕊 原色
（20・3根／21・2根／22・5根）

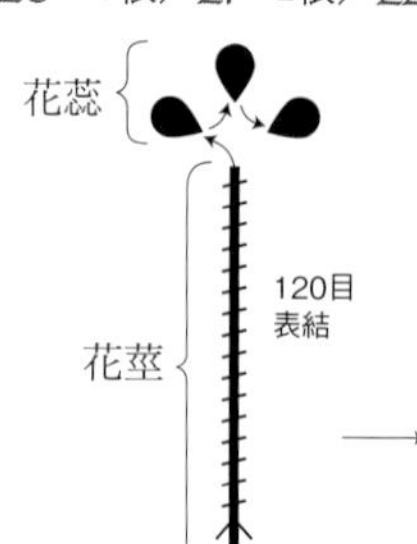

❶ 自線端算起約60cm處，接上迴紋針，並將線端側的線掛於左手上，編織120目表結的螺旋結。
❷ 編織7目表結的約瑟芬結×3次。

→ ＝梭編圖中雖是分開進行標示，但實際上必須緊接著編織。

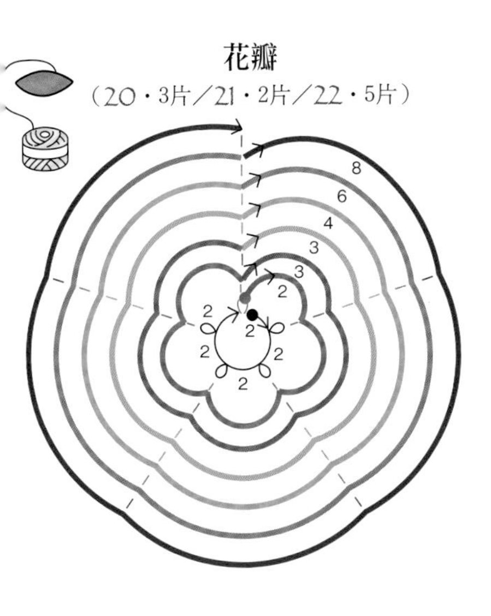

《第1段》
❶ 編織「『2目・耳』×4次・2目」的環。
❷ 進行翻轉，編織「假耳」。
《第2段》
❶ 接續編織2目的架橋，與第1段的耳進行梭線接耳。
❷ 重複4次步驟❶。

《第3段》
❶ 接續編織3目的架橋，與第2段進行梭線接耳。
❷重複4次步驟❶。
《第4段》
❶ 接續編織3目的架橋，與第3段進行梭線接耳。
❷ 重複4次步驟❶。

《第5段》
❶ 接續編織4目的架橋，與第4段進行梭線接耳。
❷ 重複4次步驟❶。
《第6段》
❶ 接續編織6目的架橋，與第5段進行梭線接耳。
❷ 重複4次步驟❶。
《第7段》
❶ 接續編織8目的架橋，與第6段進行梭線接耳。
❷ 重複4次步驟❶。

花瓣的配色&片數

	20		21		22
	A	B	A	B	
第1至3段	原色	原色	原色	原色	原色
第4至7段	紫色系混色	淺紫色	薄荷綠	水藍色	淺駝色
片數	2片	1片	1片	1片	5片

20 配置組合（21綁2朵花、22綁5朵花，依相同作法製作花束。）

①將花莖穿過花瓣的中心（製作3朵）。

②收攏3根花莖，以原色繡線在花瓣下方5mm處打結成束。

③於②結眼的上方，放置安全別針，並以原色繡線一圈圈地纏繞後，打結固定。

④為了隱藏步驟③纏繞的繡線，繞上5cm的蕾絲，並以白膠黏貼。

⑤將長11cm的蕾絲依圖示摺疊，纏繞上花式紗線，打蝴蝶結。

⑥於步驟④纏繞好的蕾絲上方，將步驟⑤以白膠黏貼上去。

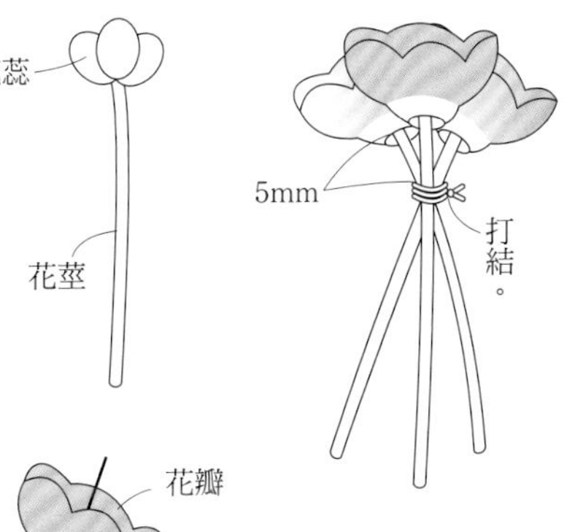

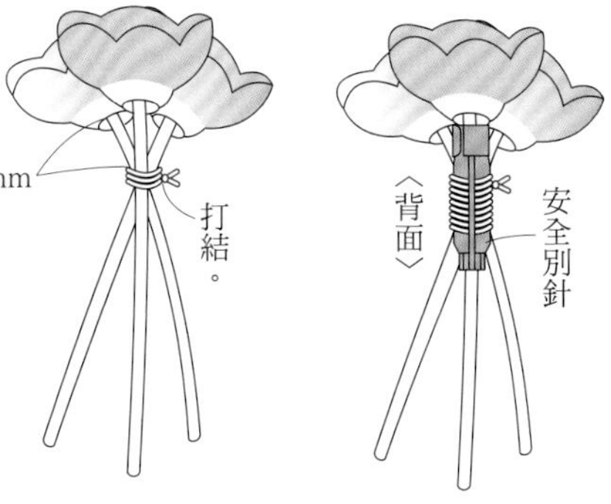

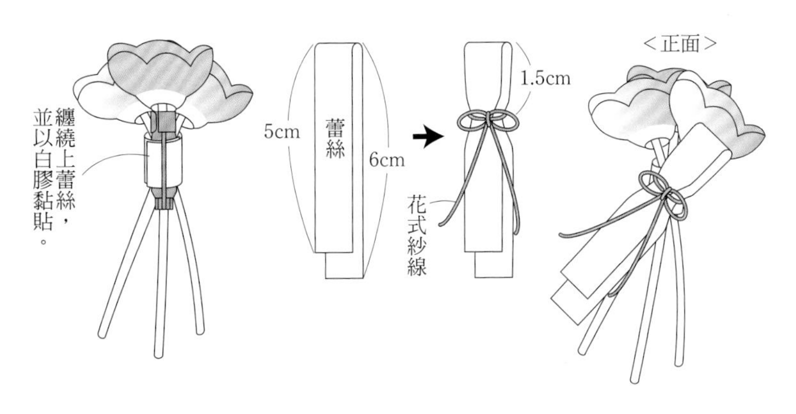

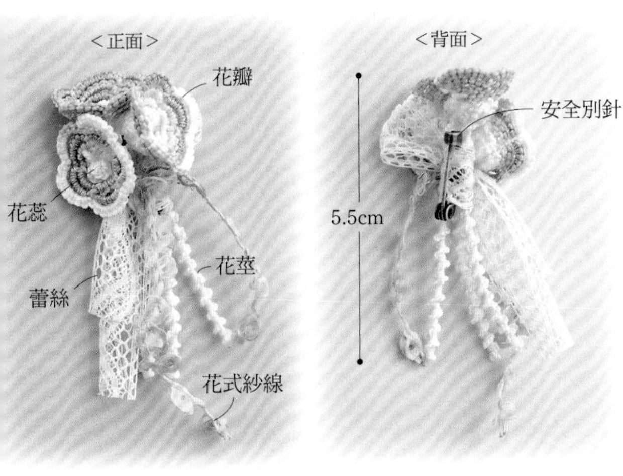

❖ 花莖的作法

開始編織（使用迴紋針的起編法）

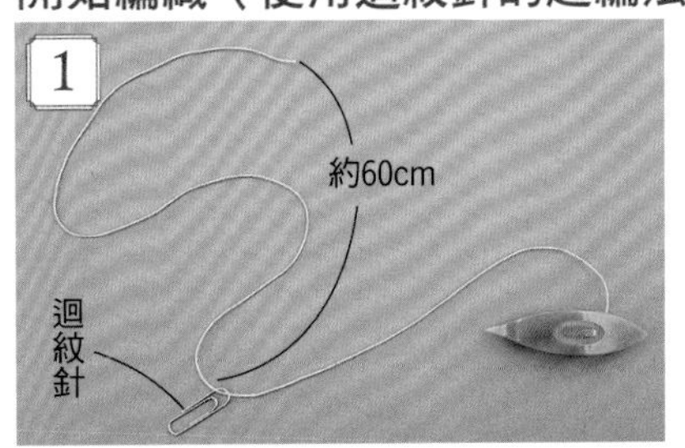

自線端算起約60cm處，掛上迴紋針。

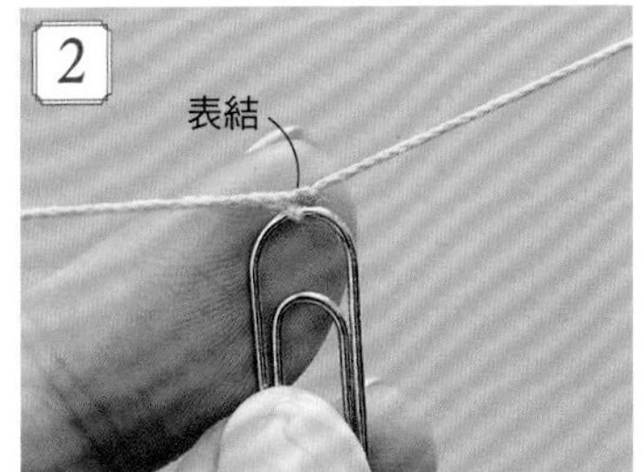

將迴紋針拿在左手上，並依編織架橋的要領，將線端側的線掛於左手上，編織表結。

※接續次頁。

3

僅接續編織大約10目的表結。

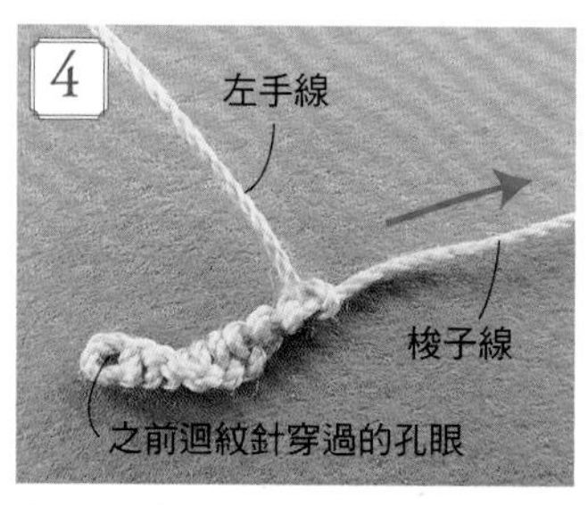

取下迴紋針，依箭頭方向拉動梭子線，以便將之前迴紋針穿過的孔眼束緊。

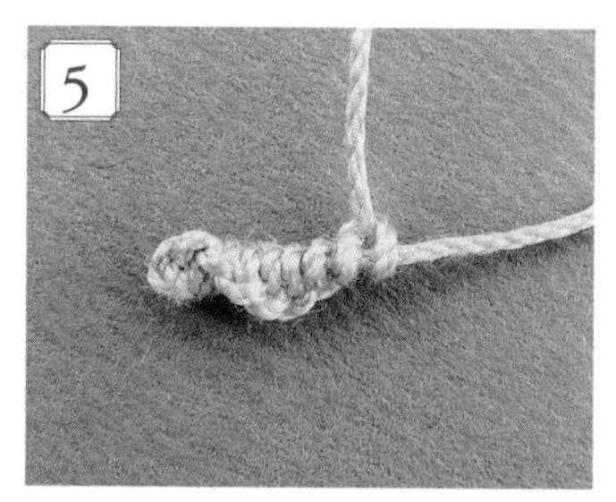

拉緊後，接續逐一編織表結。

螺旋結

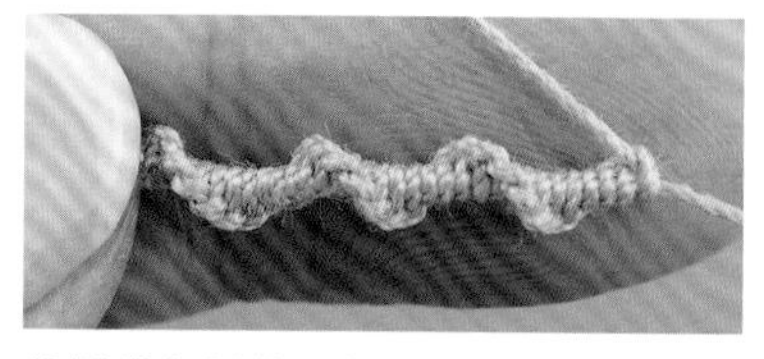

依編織架橋的要領，於左手上掛線，僅連續編織表結。此時芯線上的結目會呈螺旋狀扭轉，此技法即為「螺旋結」。

P.38 18・19

❖ 使用線材

DMC Cebelia #30

18 粉紅色（3326）

19 淺粉紅色（224）

❖ 其他材料

18 單圈（3mm・金古美）2個
耳環五金（附環圈・金古美）1組

19 橢圓形C圈（3.5×5mm・金古美）1個
附釦頭的鍊條（金古美）45cm

❖ 工具

梭編用梭子　1個

❖ 作法

1. 編織花片。
2. 接上五金等配件。

18 花片（2片）

●＝橢圓形C圈

❶ 編織「10目・耳・5目・接耳・10目」的環。
❷ 編織「『1目・耳』×3次・1目」的環。

19 花片

第1段　第2・3段

＝橢圓形C圈

＝假環

《第1段》
❶ 編織「4目・耳・6目・耳・5目・接耳・6目・耳・4目」的環。
❷ 編織「『1目・耳』×3次・1目」的環。

《第2段》
❶ 與第1段的耳進行梭線接耳。
❷ 編織「『3目・耳』×5次・3目」的架橋。
❸ 與第1段的耳進行梭線接耳。
❹ 編織「『3目・耳』×6次・3目」的架橋。
❺ 重複1次步驟❶與❷，進行梭線接耳。

《第3段》
❶ 接續編織4目的架橋，與第2段的耳進行梭線接耳。
❷ 編織5目的架橋，與第2段的耳進行梭線接耳。
❸ 重複3次步驟❷。
❹ 編織6目的架橋，與第2段的耳進行梭線接耳。
❺ 重複2次步驟❶。
❻ 編織2目的架橋。
❼ 編織「2目・耳・『1目・耳』×6次・2目」的假環。
❽ 編織2目的架橋，與第2段的耳進行梭線接耳。
❾ 重複2次步驟❶。
❿ 重複1次步驟❹。
⓫ 重複4次步驟❷。
⓬ 編織4目的架橋。

配置組合

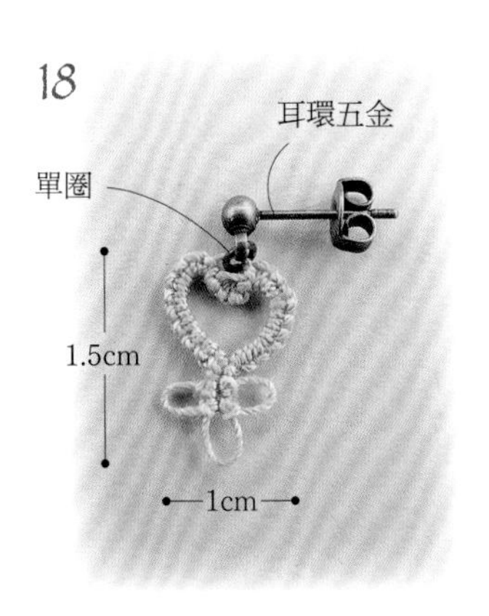

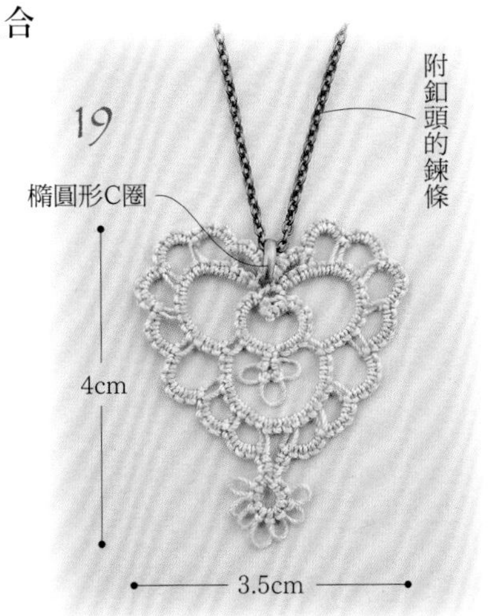

❖ 19花片的作法

※為使作法淺顯易懂，
圖示中改以不同顏色的色線進行編織。

假環

編織至第3段假環的前側，於梭子線上掛上迴紋針。

保持掛上迴紋針的狀態，編織「2目・耳・『1目・耳』×6次・2目」的架橋。

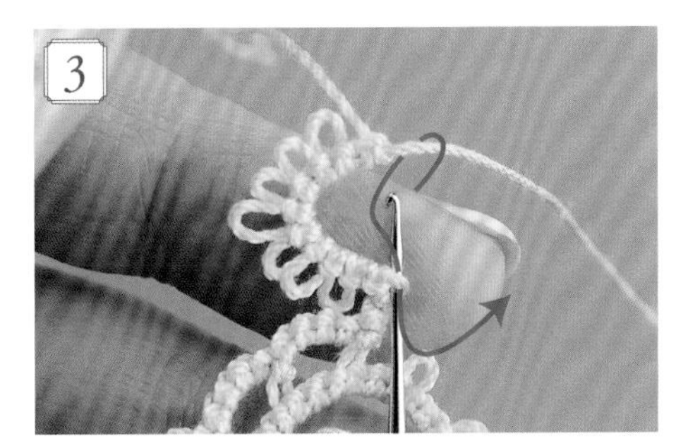

取下迴紋針，於之前迴紋針穿過的孔眼中穿入蕾絲針，鉤出梭子線。

將鉤出的線拉長，擴大成線圈。

將梭子穿入線圈之中。

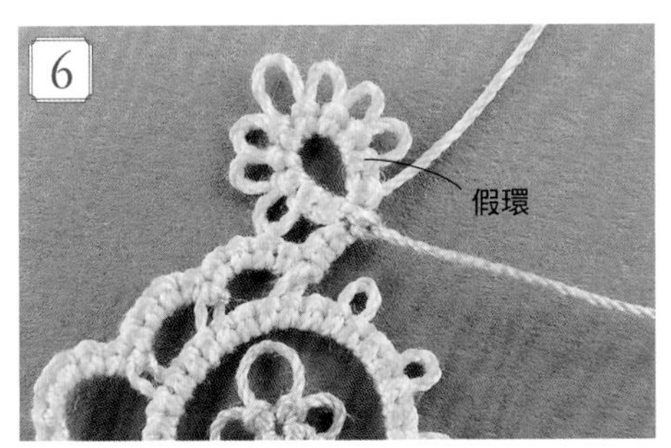

拉動梭子線，並將線圈束緊。架橋變成環形的「假環」，編織完成。

繼續往前編織。

使用2個梭子

由於是以2個梭子逐一編織打結，
優點是更容易發展出各種不同形狀的造型。

＊本頁的花片為原寸大小。

三角形&四角形圖案織片

基本的設計相同，i編織成三角形，
j則編織成四角形。

使用線材

i-1→DMC Special Dentelles #80
i-2→DMC Cordonnet Special #40
i-3→DARUMA蕾絲線 #40紫野

j-1→Olympus 梭編蕾絲線<細>
j-2→Olympus 梭編蕾絲線<中>
j-3→DARUMA蕾絲線 #30葵

作法 P.56

三角形項鍊&四角形手環

作品23是將P.50的i三角形花片排列編織成如同節慶掛飾般的項鍊。
作品24的手環則將5片j四角形花片與珠子一起併接而成。併接的片數可依個人喜好自由增減。

使用線材　23 →Olympus 梭編蕾絲線<細>
24 →DARUMA蕾絲線 #60

作法　P.57

緣飾花邊手帕

於附有網目的手帕上編織緣飾的可愛單品。作品25搭配原色，作品26則挑選了清爽的藍色漸層蕾絲線。

使用線材 25 →Olympus
梭編蕾絲線<中>
26 →Olympus
金票 #40蕾絲線<Mix 緞染線>

作法 P.58

天使翅膀耳環＆羽飾的貝蕾帽

戴上作品27的耳環，華奢的花片就如振翅飛翔般翩翩搖曳。作品28則以一對大型羽翼為市售貝蕾帽加上特色的風格綴飾。

27

28

使用線材

27→DMC Special Dentelles #80
28 →DARUMA蕾絲線 #30葵

作法

P.60

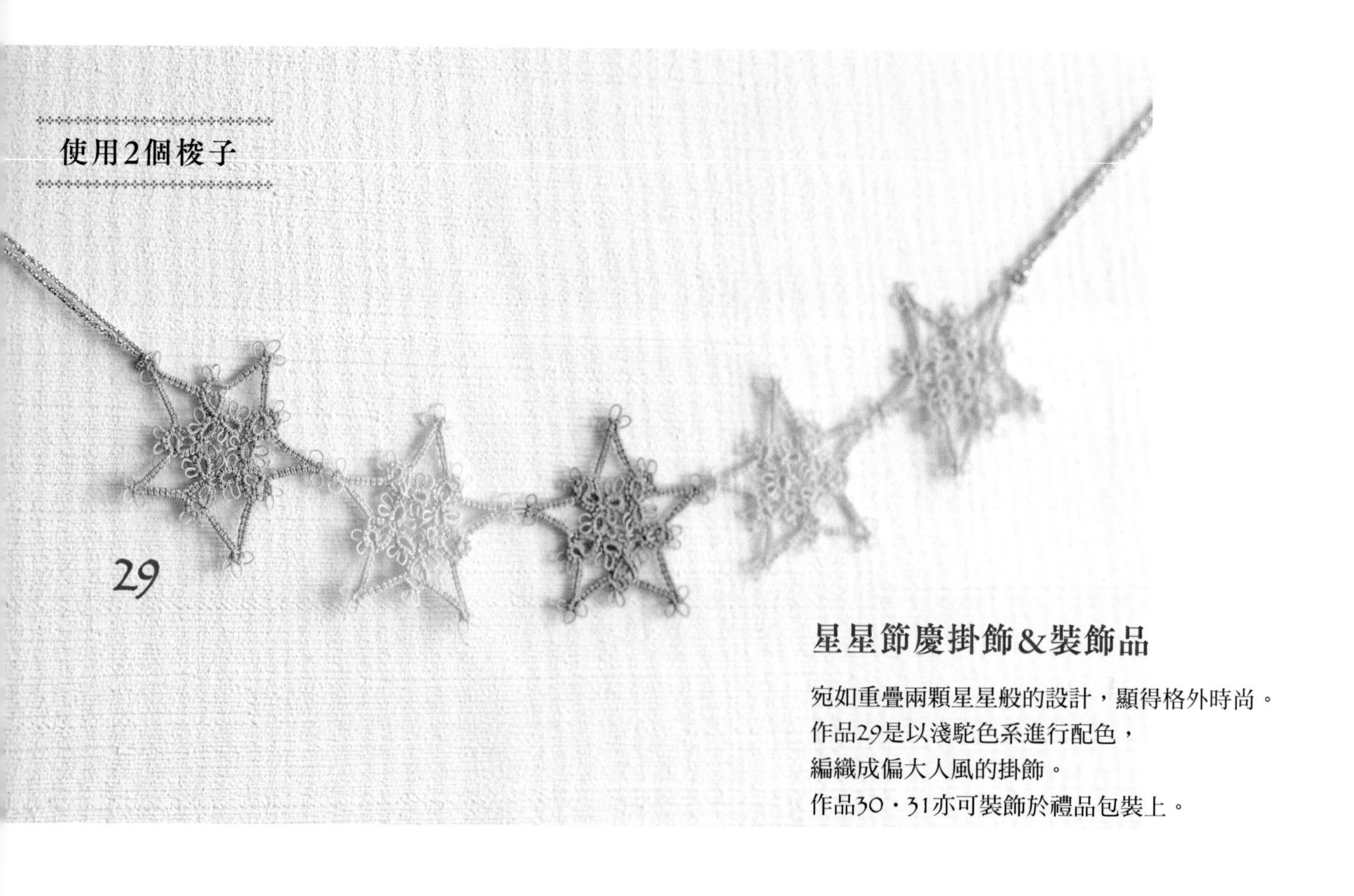

使用2個梭子

星星節慶掛飾&裝飾品

宛如重疊兩顆星星般的設計，顯得格外時尚。
作品29是以淺駝色系進行配色，
編織成偏大人風的掛飾。
作品30・31亦可裝飾於禮品包裝上。

使用線材

29 →DMC Cebelia #30
30・31 →DARUMA蕾絲線 #30葵

作法

P.55

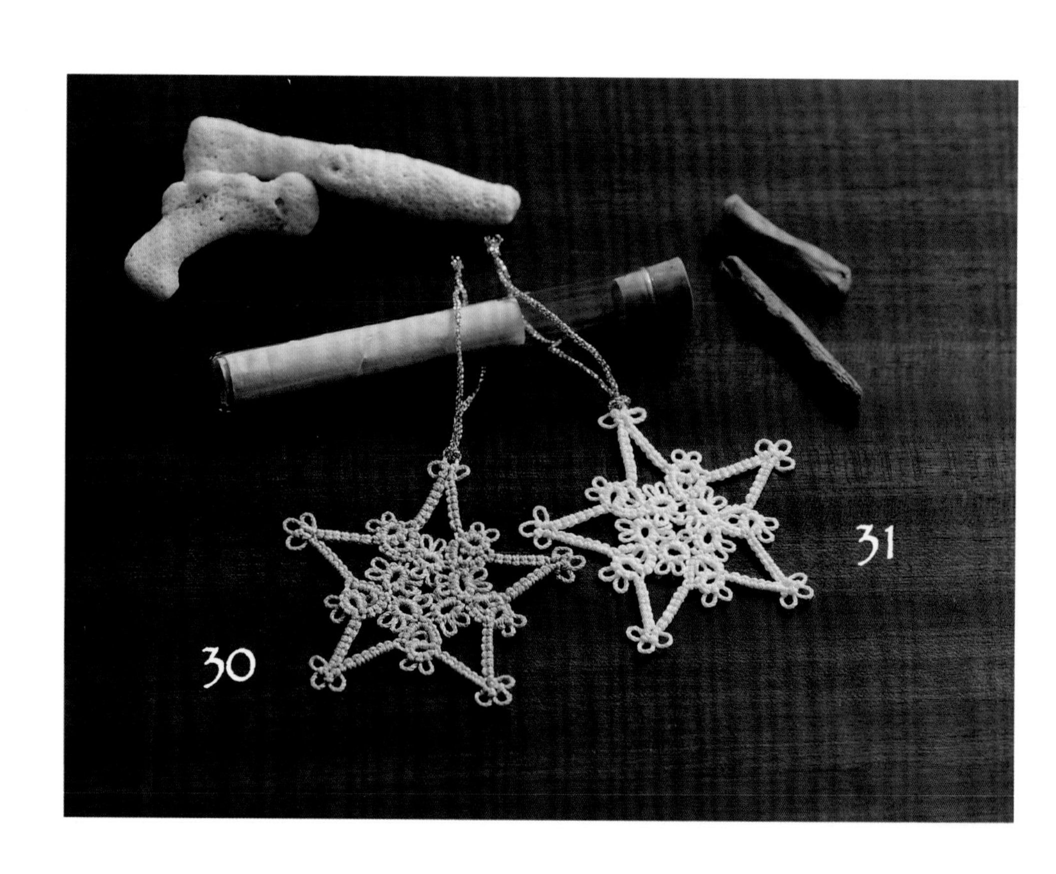

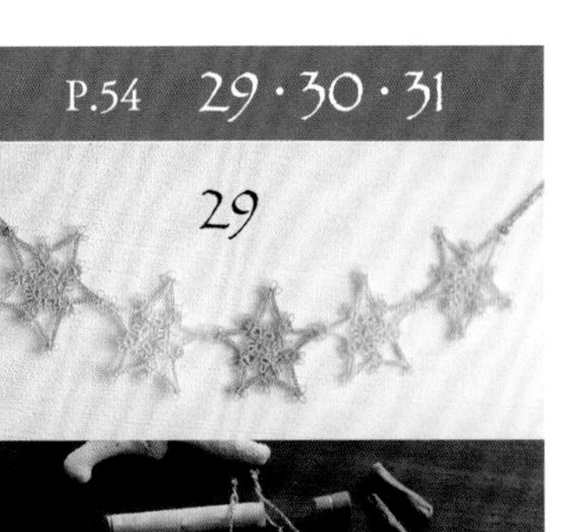

✤ 使用線材

29 DMC Cebelia #30
淺駝色（ECRU）
象牙白（712）
砂褐色（739）
淺茶色（842）
駝色（3033）

30 DARUMA 蕾絲線 #30葵
駝色（16）

31 DARUMA 蕾絲線 #30葵
白色（1）

✤ 其他材料

細繩（銀色）
29・180cm／30・31・12cm

✤ 工具

梭編用梭子　2個

✤ 作法

1. 編織花片。作品29是一邊編織第5段，一邊併接於相鄰的花片上，全部共編織5片花片。
2. 繫上細繩。

花片

（29・各色1片／30・31各1片）

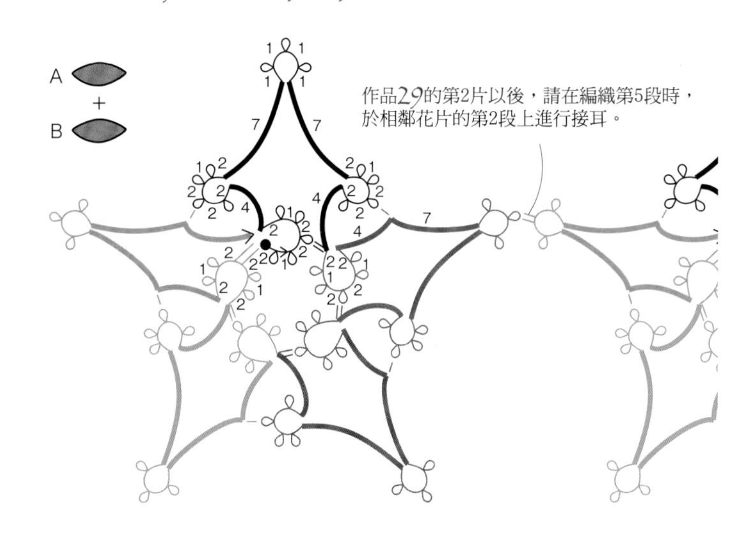

配置組合

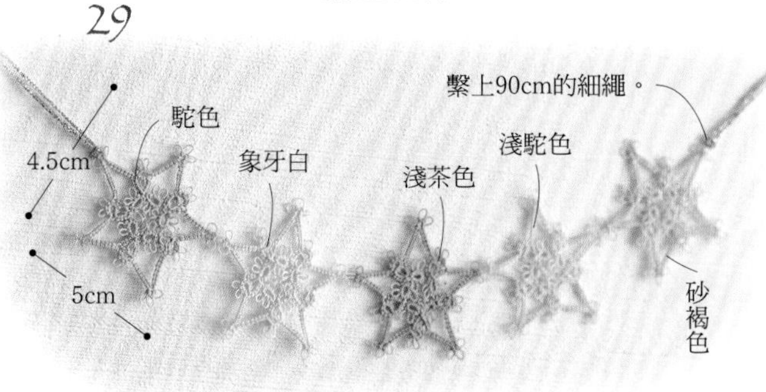

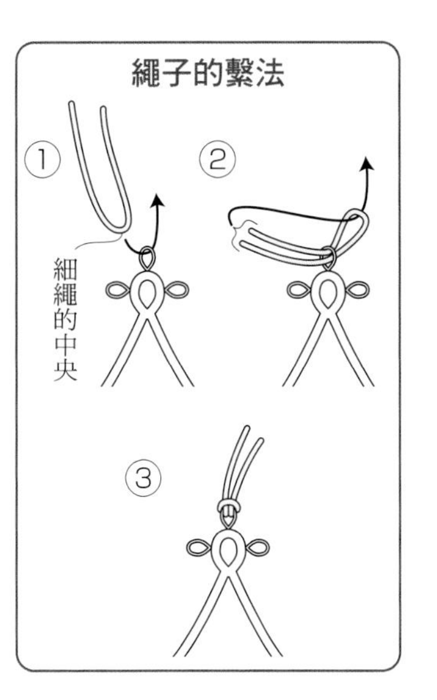

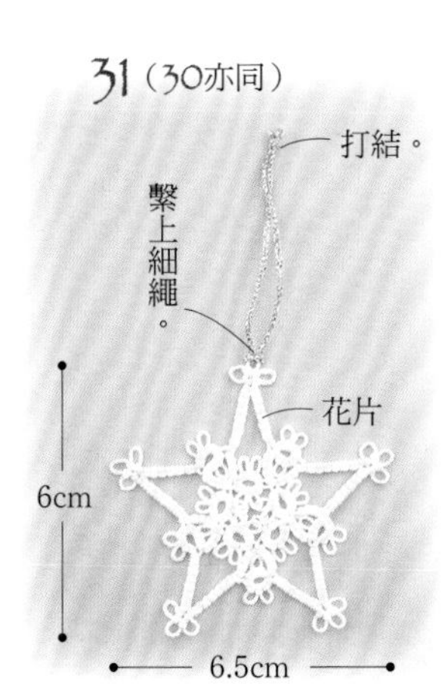

《第1段》

❶ 以梭子A編織「2目・耳・1目・耳・『2目・耳』×2次・1目・耳・2目」的環。
❷ 於步驟❶環的邊緣，將梭子A的線端與梭子B的線端打結。
❸ 將梭子A的線掛於左手上，以梭子B編織4目的架橋。
❹ 進行翻轉，以梭子B編織「『2目・耳』×3次・1目・耳・2目」的環。
❺ 進行翻轉，將梭子A的線掛於左手上，以梭子B編織7目的架橋。
❻ 進行翻轉，以梭子B編織「『1目・耳』×3次・1目」的環。
❼ 重複1次步驟❺。
❽ 進行翻轉，以梭子B編織「2目・耳・1目・『耳・2目』×3次」的環。
❾ 進行翻轉，重複1次步驟❸，與最初的環耳進行接耳。

《第2段》

❶ 接續以梭子A編織「2目・耳・1目・耳・『2目・耳』×2次・1目・耳・2目」的環。
❷ 將梭子A的線掛於左手上，以梭子B編織4目的架橋、梭線接耳、7目的架橋。
❸ 進行翻轉，以梭子B編織「『1目・耳』×3次・1目」的環。
❹ 進行翻轉，將梭子A的線掛於左手上，以梭子B編織7目的架橋。
❺ 進行翻轉，以梭子B編織「2目・耳・1目・『耳・2目』×3次」的環。
❻ 進行翻轉，將梭子A的線掛於左手上，以梭子B編織4目的架橋，並與本段最初的環耳進行接耳。

《第3・4段》

重複第2段的步驟❶至❻。

《第5段》

❶ 以梭子A編織「2目・耳・1目・耳・2目・於第1段最初的環根部進行接耳・2目・耳・1目・耳・2目」的環。
❷ 重複第2段的步驟❷至❹，與第1段環的耳進行梭線接耳，編織4目的架橋。

P.32 花片i・j的作法

使用線材

i-1
DMC Special Dentelles
#80 淺駝色（ECRU）

i-2
DMC CORDONNET SPECIAL
#40 淺駝色（ECRU）

i-3 DARUMA 蕾絲線 #40紫野
原色（2）

j-1
Olympus梭編蕾絲線<細>
原色（T102）

j-2
Olympus梭編蕾絲線<中>
原色（T202）

j-3
DARUMA 蕾絲線 #30葵
原色（2）

梭編用梭子 2個

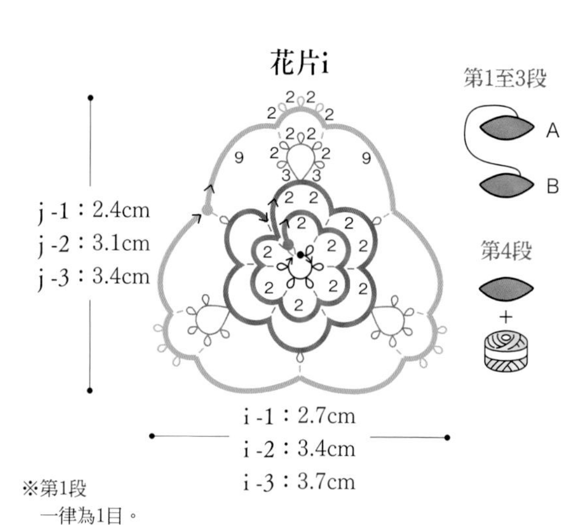

※第1段
一律為1目。

花片j

第1至3段
A
B
第4段
+

j -1：2.5cm
j -2：3.5cm
j -3：4.3cm

《第1段》

❶ 以梭子B編織「『1目・耳』×5次 7次・1目」的環。
❷ 將環進行翻面，編織假耳。

《第2段》

❶ 接續將梭子A的線掛於左手上，以梭子B編織2目的架橋，與第1段的耳進行梭線接耳。
❷ 重複5次 7次步驟❶。

藍字＝花片i 紅字＝花片j 黑字＝通用

《第3段》

❶ 接續將梭子A的線掛於左手上，以梭子B編織2目的架橋。
❷ 以梭子A編織「3目・耳・『2目・耳』×4次・3目」的環。
❸ 將梭子A的線掛於左手上，以梭子B編織2目的架橋，進行梭線接耳。
❹ 編織「2目・耳・2目」的架橋，進行梭線接耳。
❺ 重複2次 3次步驟❶至❹。

《第4段》

❶ 與第3段的耳進行梭線接耳。
❷ 將線球的線掛於左手上，編織9目的架橋，進行梭線接耳。
❸ 編織「『2目・耳』×3次・2目」的架橋，進行梭線接耳。
❹ 編織9目的架橋，進行梭線接耳。
❺ 重複2次 3次步驟❷至❹（最後不進行梭線接耳，直接打結作線端收尾）。

❖ 花片i・j作法

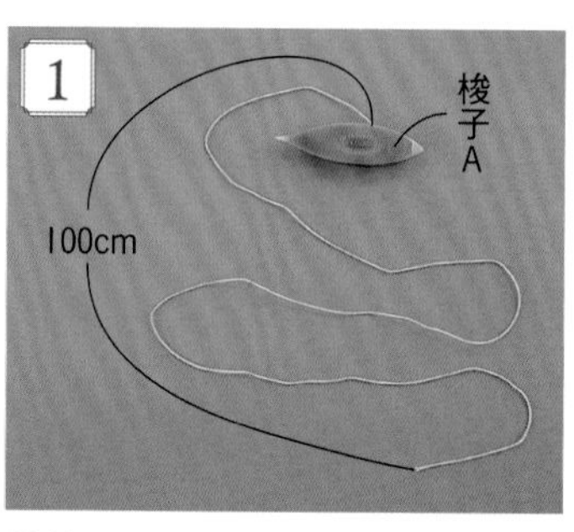

於梭子A上捲線，線端預留100cm後剪斷。

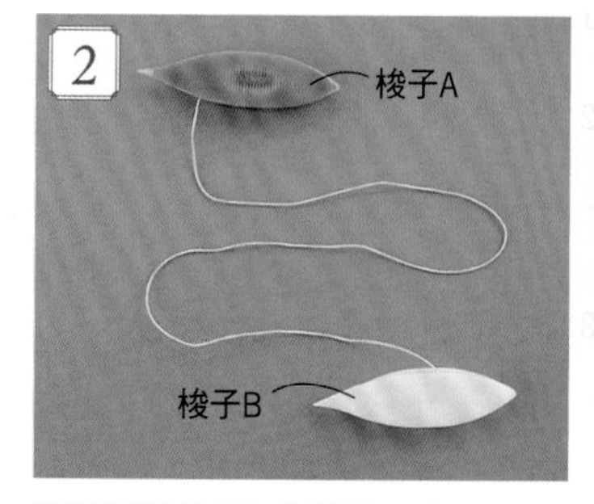

將線端於梭子B上捲繞12次。

編織與架橋弧度同方向的環

※為使作法淺顯易懂，圖示中改以不同色線進行解說。

於架橋上接續編織環時，不進行翻轉，直接編織與架橋弧度相同方向的環的方法。需使用2個梭子。

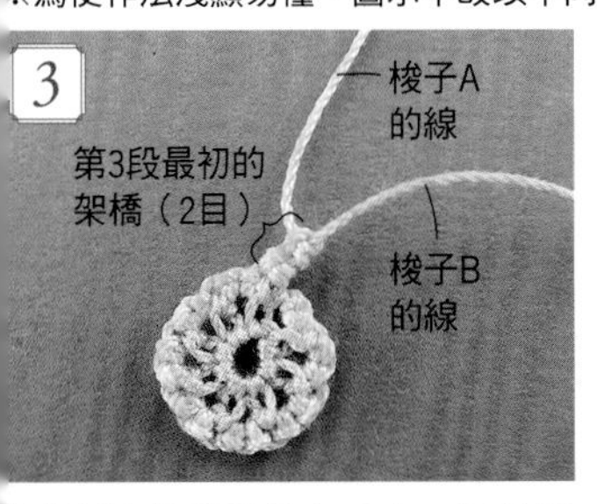

將梭子A的線掛於左手上，以梭子B編織第3段最初的架橋。

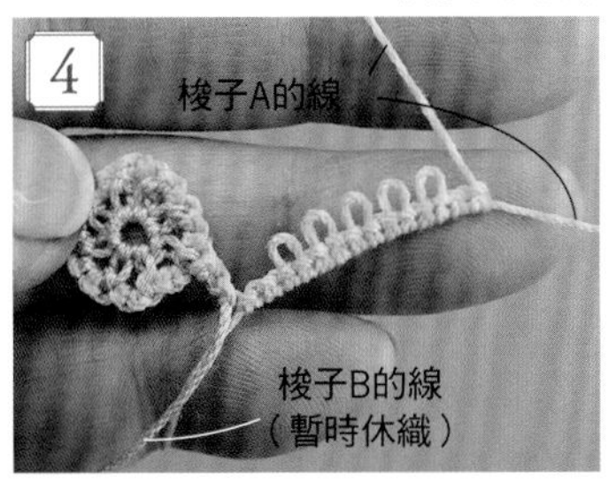

不進行翻轉，保持原來的方向，梭子B的線暫時休織，並以梭子A編織「3目・耳・『2目・耳』×4次・3目」的環。

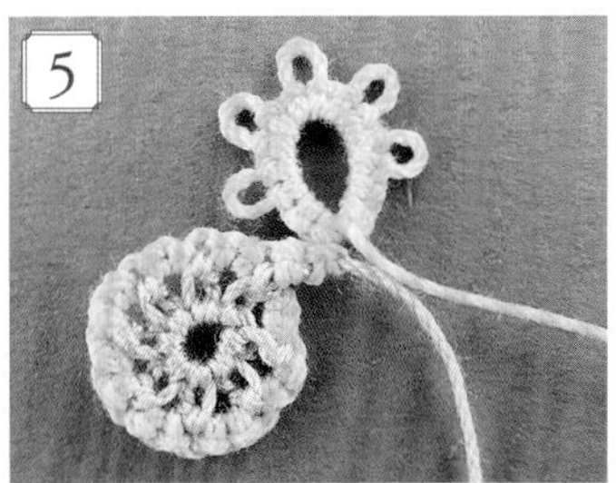

將環的線拉緊，完成與步驟3的架橋弧度方向相同的環。

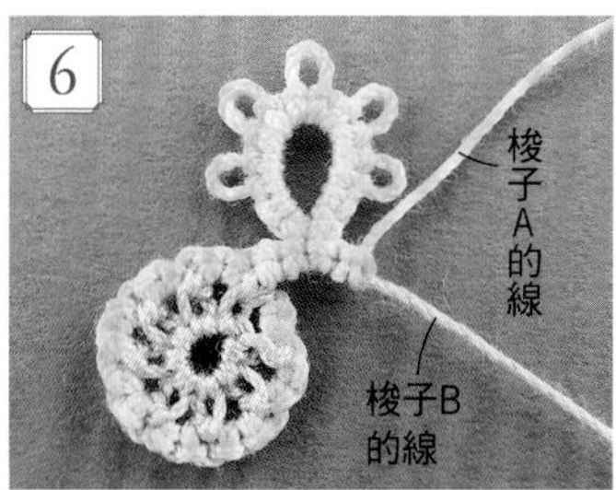

將梭子A的線掛於左手上，並以梭子B編織下一個架橋。

P.51 23・24

✣ 使用線材

23 Olympus 梭編蕾絲線<細>
淺綠色（T109）
水藍色（T110）

24 DARUMA 蕾絲線 #60
淺灰色（6）

✣ 其他材料

23 C圈（2×3mm・銀色）2個
附釦頭的鍊條（銀色）38cm

24 大圓珠（藍綠色、白色）各4顆
緞帶束尾夾（15mm・鍍鎳）2個
圓形釦頭的延長鍊組
（附單圈・鍍銠）1組

✣ 工具

梭編用梭子 2個

✣ 作法

1. 作品23編織1片花片i，作品24編織1片花片j。
2. 第2片以後，請在編織第2段時，一邊於相鄰的花片上併接，一邊編織。作品24需於接耳處加入珠子。
3. 接上五金等配件。

24 花片

※編織P.56的花片j，第2片以後，於邊角處進行接耳（織入珠子）。

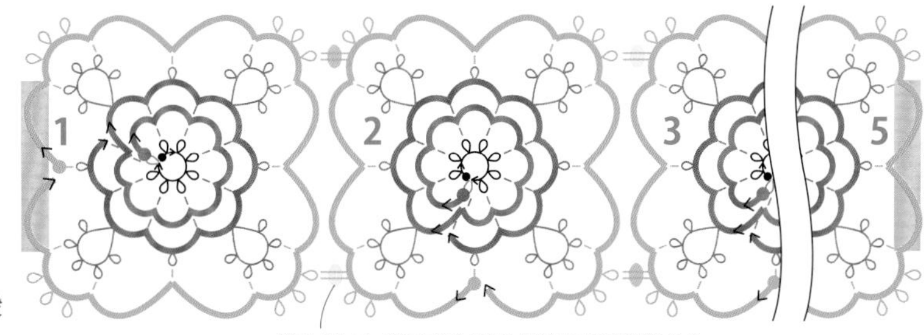

織入珠子（珠子的配色請參照配置組合）。

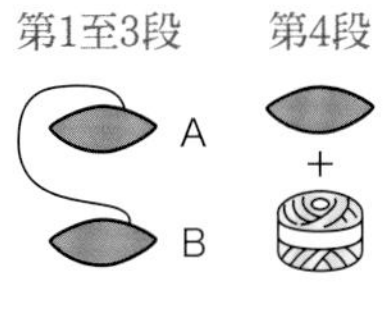

※依步驟1至5的順序編織。

＝緞帶束尾夾接連位置

24 配置組合

圓形釦頭
緞帶束尾夾
大圓珠（藍綠色）
延長鍊
2.8cm
14cm（5片花片）
緞帶束尾夾
花片j
大圓珠（白色）

24 珠子織入方法

※為使作法淺顯易懂，圖示中改以不同色線進行解說。

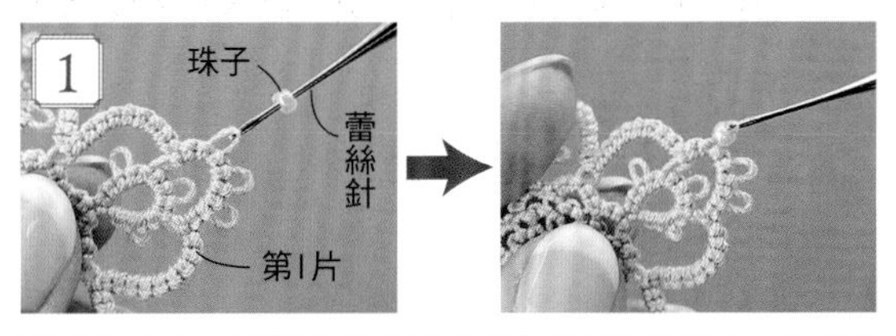

將第2片花片一直編織至與第1片花片併接的位置上，暫時休織。以蕾絲針挑珠子，並將針掛於第1片花片的耳上，再把珠子轉移至耳上。

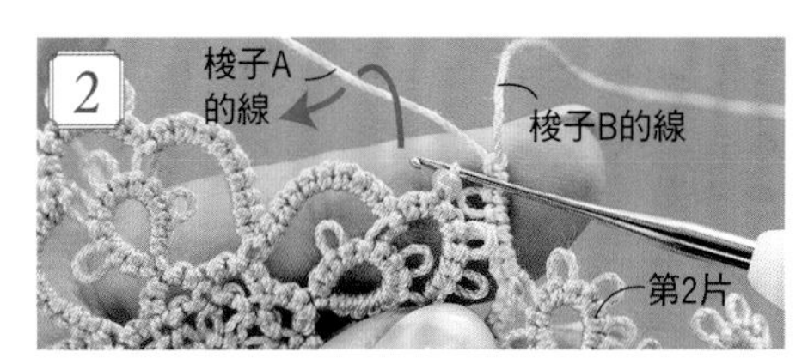

由內側往外側重新穿入蕾絲針，並依箭頭所示，由耳中鉤出第2片花片的梭子A線。

※接續次頁。

將鉤出的線拉長，擴大成線圈。

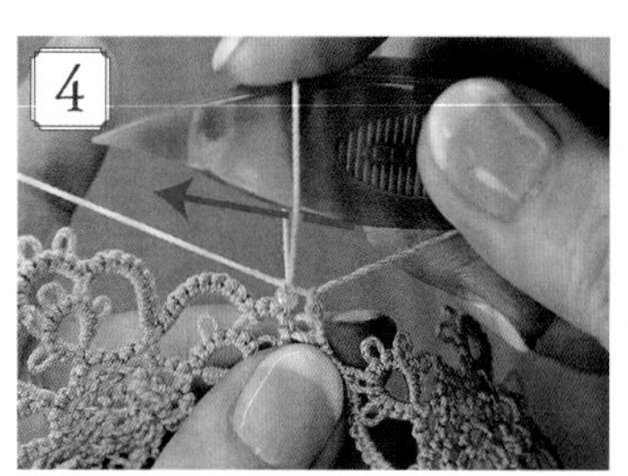

讓梭子鑽入已鉤出的線圈之中。

拉動梭子A的線，將線圈束緊。

繼續編織，並於第1片與第2片併接的耳上織入珠子。

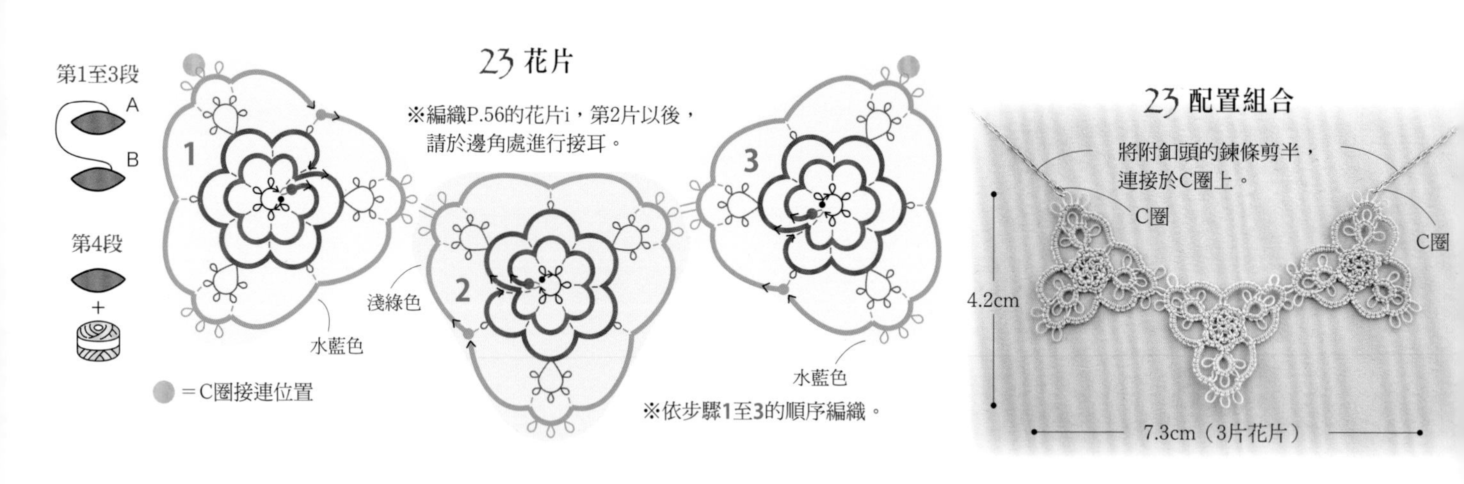

✤ 使用線材

Olympus

25 梭編蕾絲線<中>
原色（T202）

26 金票＃40蕾絲線<Mix>
藍色系緞染線（M14）

✤ 其他材料

Olympus 緣飾花邊用手帕

25 綠色（EH-15）1條

25 藍色（EH-14）1條

✤ 工具

梭編用梭子　2個

✤ 作法

一邊將蕾絲線掛於手帕的網目上，一邊編織緣飾。

邊角處為一般的耳（約2mm）

緣飾

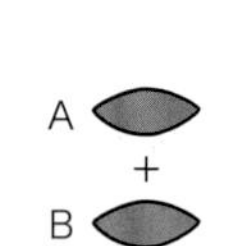

● =10目表結的約瑟芬結

⊂⊃ =長耳（9mm）

❶ 以梭子A編織「3目・長耳・3目・於手帕的網目上進行接耳・3目・長耳・3目」的環。
❷ 梭子A暫時休織，以梭子B編織「2目・耳・1目・耳・1目・耳・2目」的環。
❸ 將步驟❶的環進行翻轉後，拿在左手上，並將梭子B的線掛於左手上，以梭子A編織5目的架橋。
❹ 以梭子B編織10目表結的約瑟芬結。
❺ 將梭子B的線掛於左手上，以梭子A編織5目的架橋。
❻ 進行翻轉，重複1次步驟❶（與第1個長耳進行接耳）。
❼ 進行翻轉，重複1次步驟❷。
❽ 將梭子B的線掛於左手上，以梭子A編織5目的架橋。
❾ 一邊參照圖示，一邊重複步驟❹至❽（邊角處依指定的目數進行編織）。

1.3cm

邊角的調整

實際製作時，因使用的手帕各不相同，網目數量或邊角位置或有差異。請參照圖示，於邊角位置進行調整。

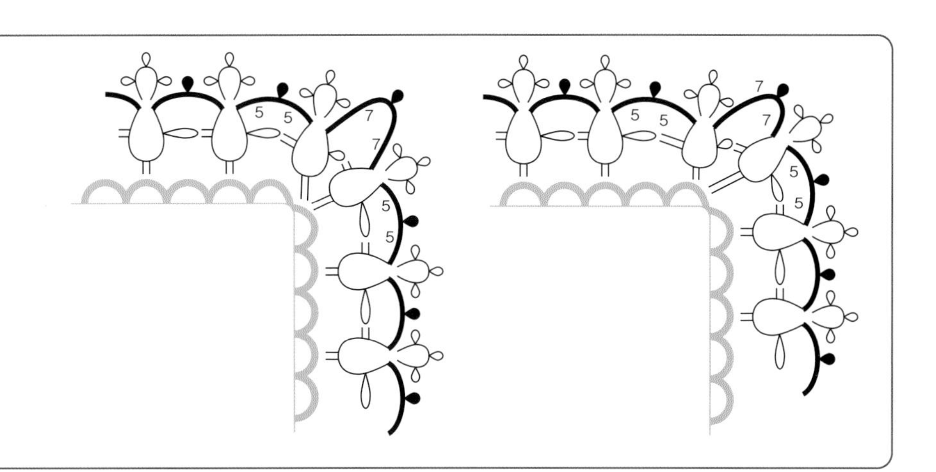

❖ 緣飾的編織方法

長耳（梭編蕾絲飾環量規的用法）

在編織長耳時，由於長度很難精準統一，因此只要使用量規，即可漂亮整齊地完整收束。
倘若手邊沒有梭編蕾絲飾環量規時，亦可將厚紙板寬度裁剪成與耳等高來代替。

編織至長耳前一個結目。

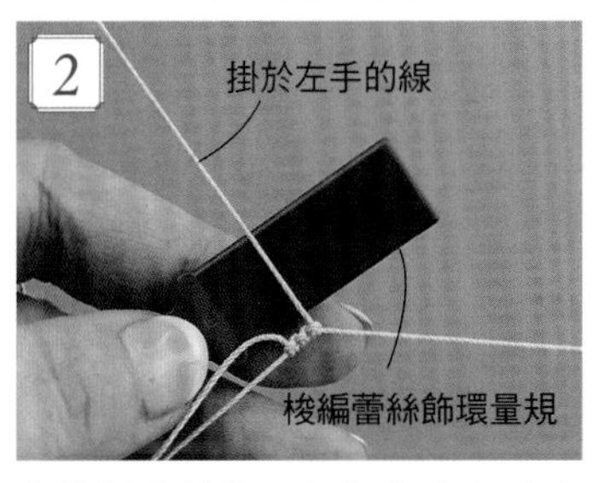

將梭編蕾絲飾環量規靠在左手上掛線的外側，並拿在左手上。

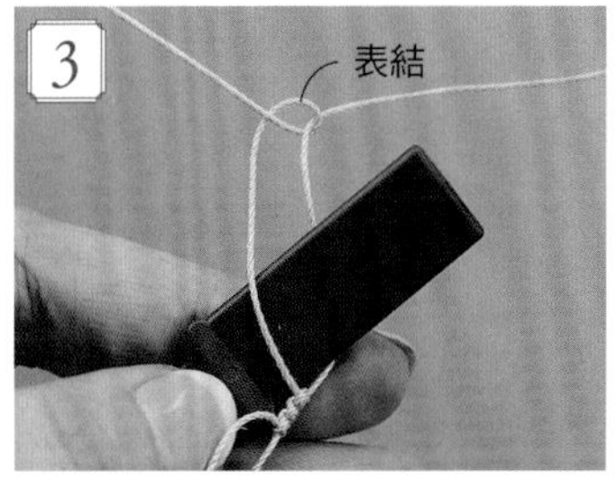

於梭編蕾絲飾環量規的外側編織表結。

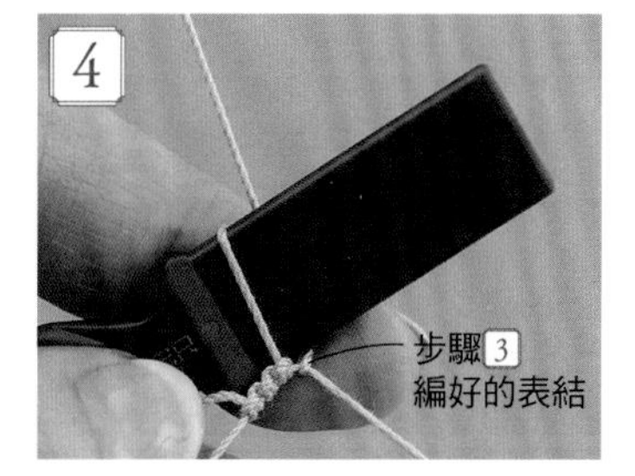

將步驟3編好的表結挪至梭編蕾絲飾環量規的下側。

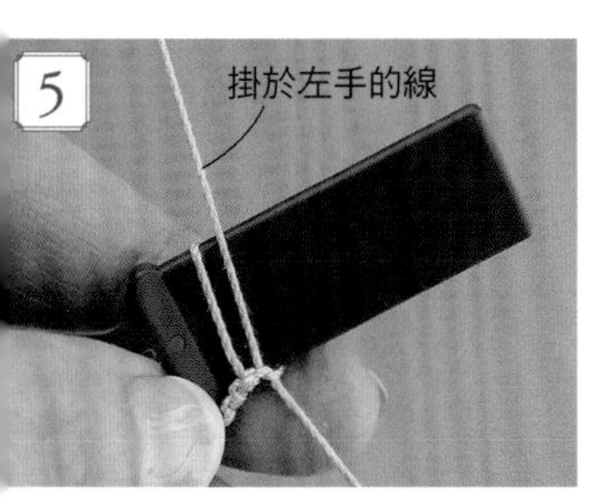

將掛於左手的線繞回梭編蕾絲飾環量規的內側。

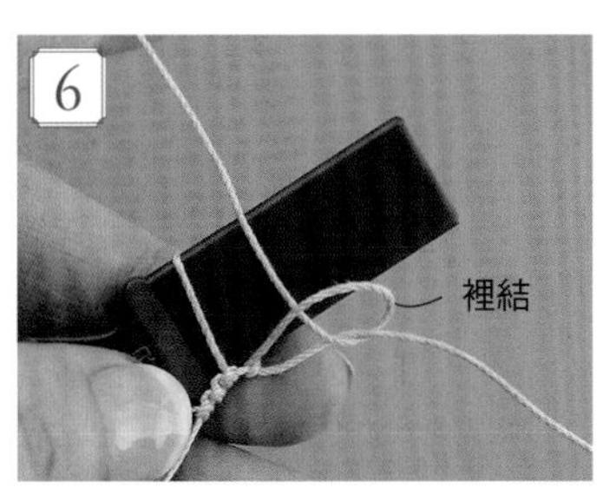

於梭編蕾絲飾環量規的內側編織裡結，並挪至下側。

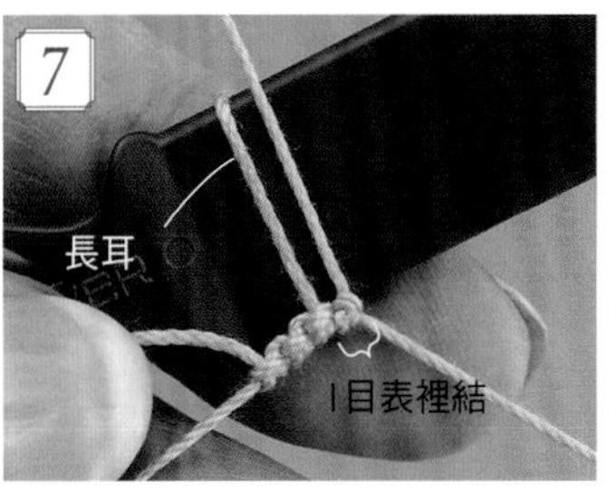

於梭編蕾絲飾環量規的下側完成1目表裡結。

取下梭編蕾絲飾環量規，長耳編織完成。

※接續次頁。

與手帕併接的方法

以梭子A編織最初的環，並依箭頭所示，將梭子的尖角穿入手帕的網目中，再將掛於左手的線鉤出來。

將鉤出的線拉長，擴大成線圈，並讓梭子鑽入之後，進行接耳。

接耳編織完成。一邊依指定的位置，於手帕的網目上進行併接，一邊繼續往前編織。

P.53 27・28

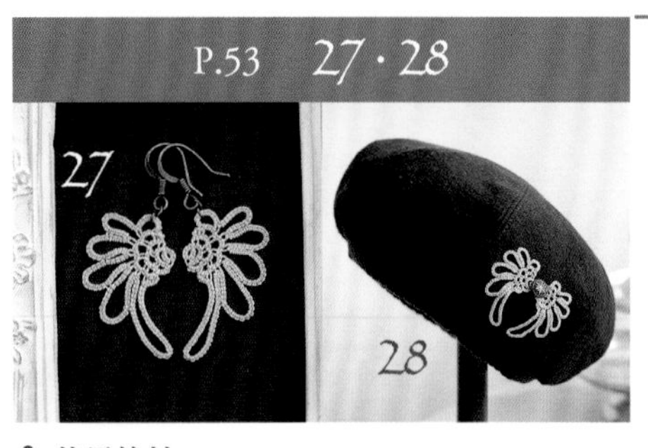

✣ 使用線材

Olympus

27 DMC Special Dentelles #80
水藍色（800）

28 DARUMA 蕾絲線 #30葵
灰褐色（12）

✣ 其他材料

27 耳環五金（耳勾式・金古美）1組
單圈（3mm・金古美）4個

28 貝蕾帽 1頂
鈕釦（12mm）1顆
手縫線

✣ 工具

梭編用梭子 2個

✣ 作法

1. 編織花片。
2. 作品27是裝上五金，作品28則是搭配鈕釦一起接縫於貝蕾帽上。

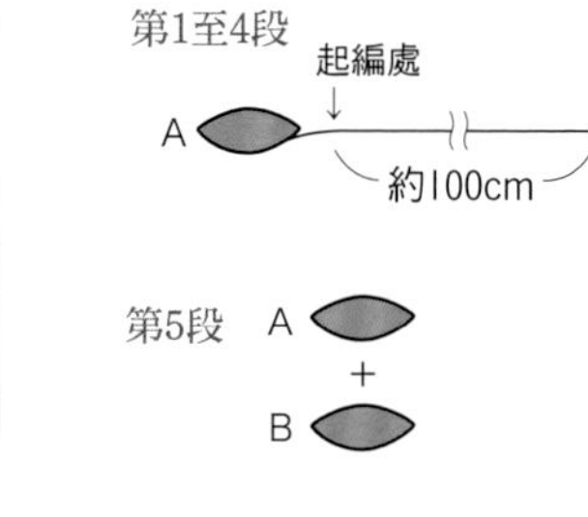

花片（2枚）

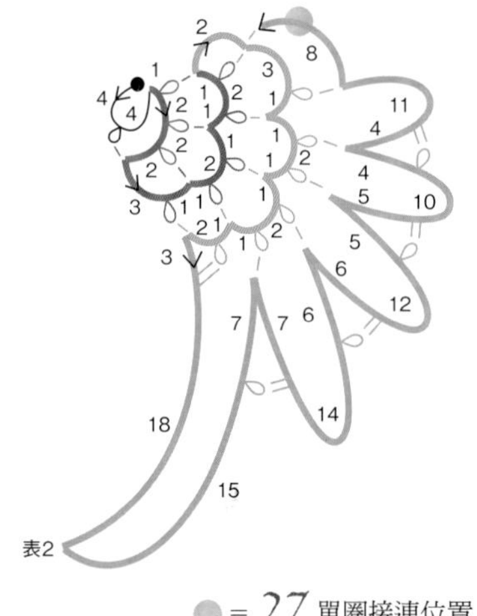

● = 27 單圈接連位置

《第1段》

※自線端算起約100cm處開始編織。
以梭子A編織「4目・耳・4目」的環。

《第2段》

❶ 進行翻轉，將線端側的線掛於左手上，編織「1目・『耳・2目』×3次」的架橋。
❷ 與第1段的耳進行梭線接耳。

《第3段》

❶ 為使左右相反進行翻面，依裡結的編織要領打結1次（參照P.61）。
❷ 編織「3目・耳・1目」的架橋，與前段的耳進行梭線接耳。
❸ 編織「1目・耳・2目・耳・1目」的架橋，與前段的耳進行梭線接耳。
❹ 重複1次步驟❸。

《第4段》

❶ 為使左右相反進行翻面，依裡結的編織要領打結1次（參照P.61）。
❷ 編織2目的架橋，與前段的耳進行梭線接耳。
❸ 編織「3目・耳・1目」的架橋，與前段的耳進行梭線接耳。
❹ 編織「1目・耳・2目・耳・1目」的架橋，與前段的耳進行梭線接耳。
❺ 重複1次步驟❹。
❻ 編織「1目・耳・2目」的架橋，與前段的耳進行梭線接耳。

《第5段》

❶ 將梭子B的線掛於左手上，以梭子A編織「3目・與前段的耳進行接耳・18目」的架橋。
❷ 為使左右相反進行翻面，將梭子A的線掛於左手上，以梭子B編織「2目表結・15目・耳・7目」的架橋。
❸ 與前段的耳進行梭線接耳。
❹ 編織「7目・接耳・14目・耳・6目」的架橋，與前段的耳進行梭線接耳。
❺ 編織「6目・接耳・12目・耳・5目」的架橋，與前段的耳進行梭線接耳。
❻ 編織「5目・接耳・10目・耳・4目」的架橋，與前段的耳進行梭線接耳。
❼ 編織「4目・接耳・11目」的架橋，與前段的耳進行梭線接耳。
❽ 編織8目的架橋，於前段的架橋與架橋之間進行梭線接耳。

配置組合

27

耳環五金
花片
（背面）
單圈
3cm
花片
（正面）
2.3cm

28

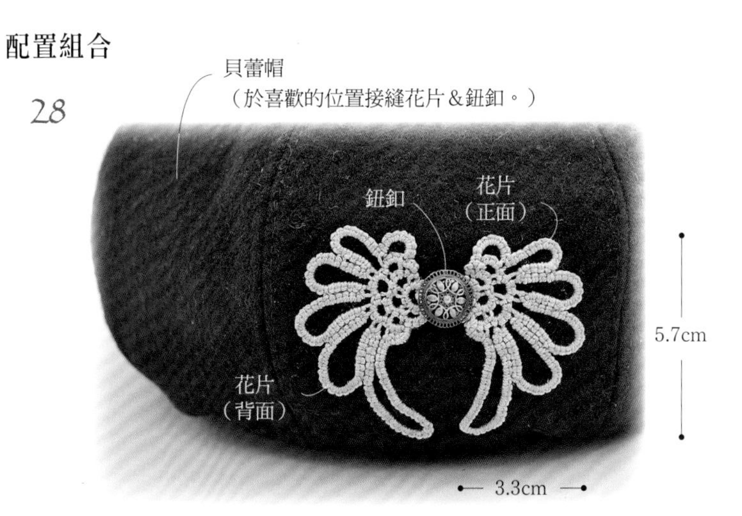

❖ 花片的作法

由第2段移往第3段的編法

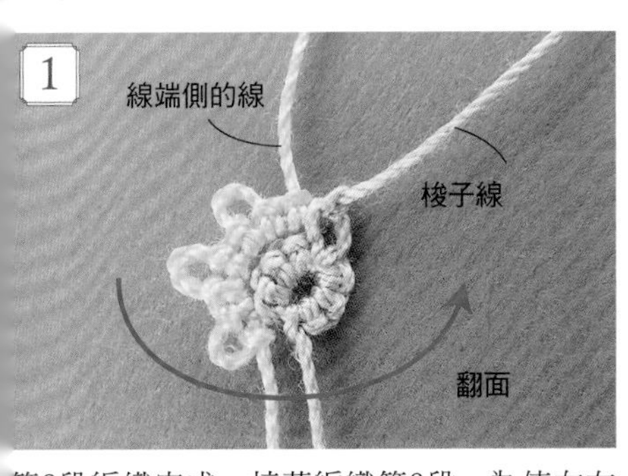

第2段編織完成，接著編織第3段。為使左右相反，依箭頭方向進行翻面。※為使作法淺顯易懂，圖示中梭子線＆線端側的線改以不同顏色的色線進行解說，但實際應自梭子線的線端約100cm處開始編織。

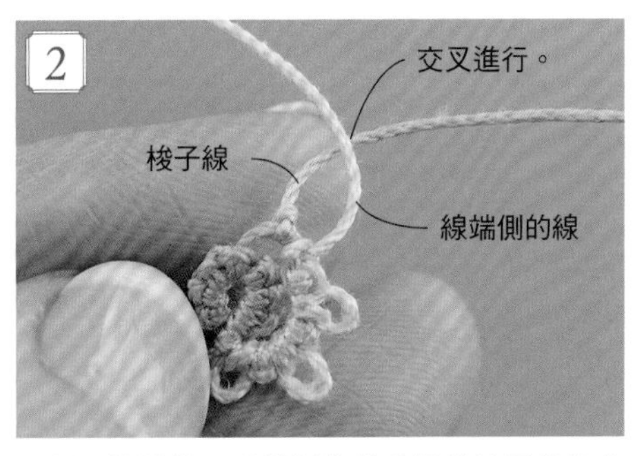

已翻面的模樣。線端側的線重疊於梭子線的上方，呈交叉進行。

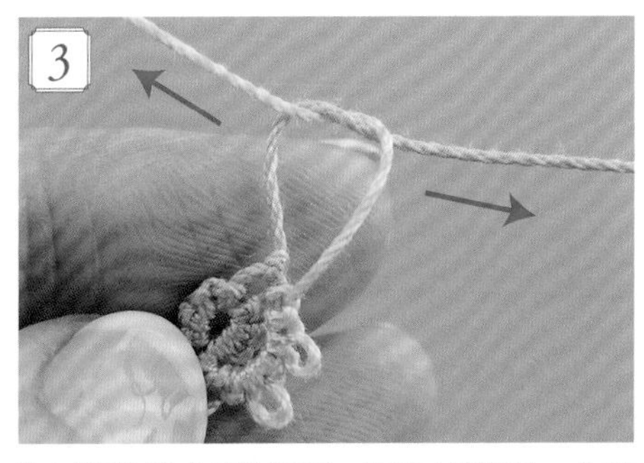

為了消除線交叉的情況，編織1目裡結。此時不進行梭結的轉移，如圖所示，在2條線打結的狀態下，拉線束緊。

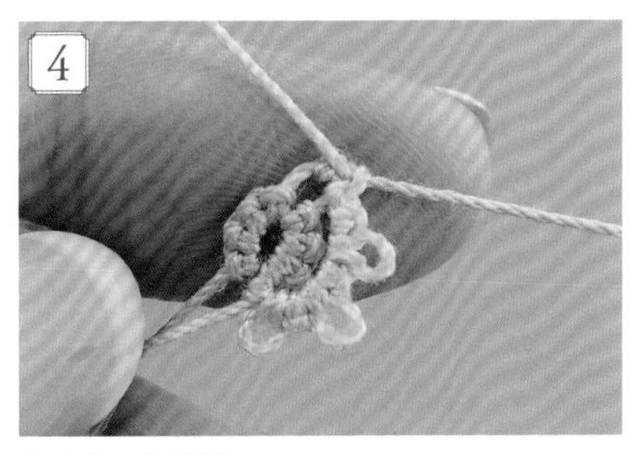

拉線束緊的模樣。

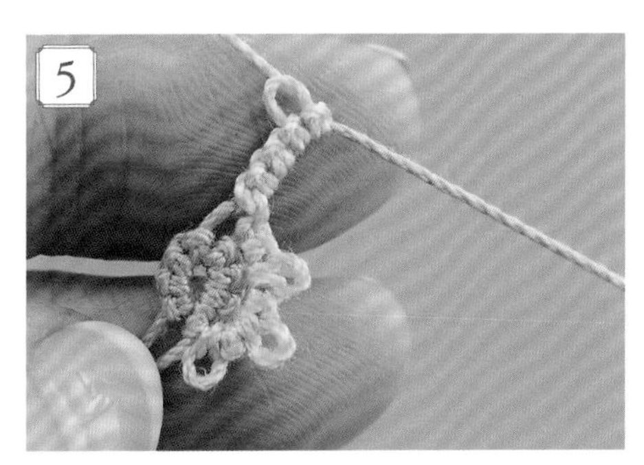

繼續編織第3段。由第3段移往第4段時，亦以相同方式編織。

其他技法

線頭的處理方法（將線端縫入）

將線端打結，預留大約15cm後，剪線＆穿入十字繡針。

依箭頭所示，由內側往外側將針穿入結目之中。

穿入十字繡針後，將針直接往外側抽出。

依箭頭所示，由外側往內側入針。重複步驟②至④，依右圖所示，將線端縫入結目之中。

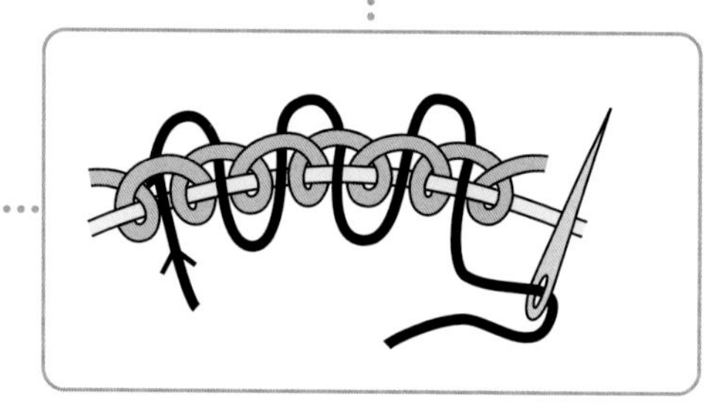

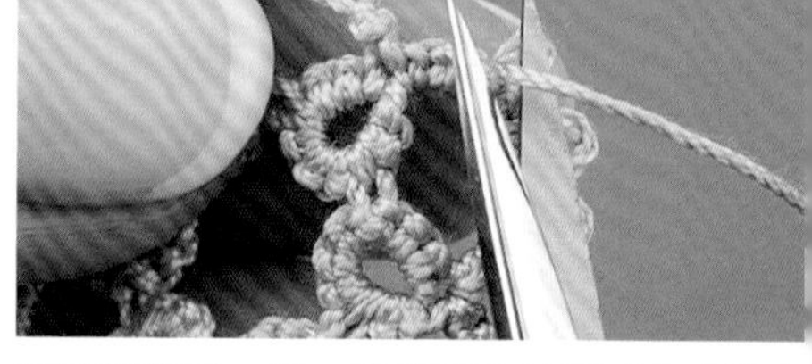

將線端剪短。另一條線端亦以相同方式縫入另一側後，進行收尾處理。

編結錯誤的拆線要領

架橋的情況

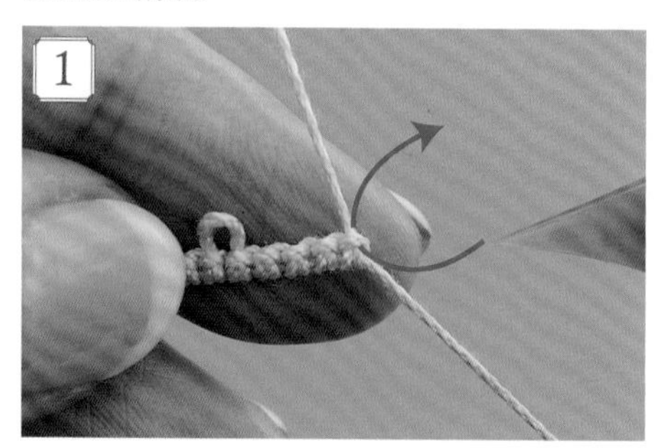

將梭子的尖角穿入最後編織的結目中。

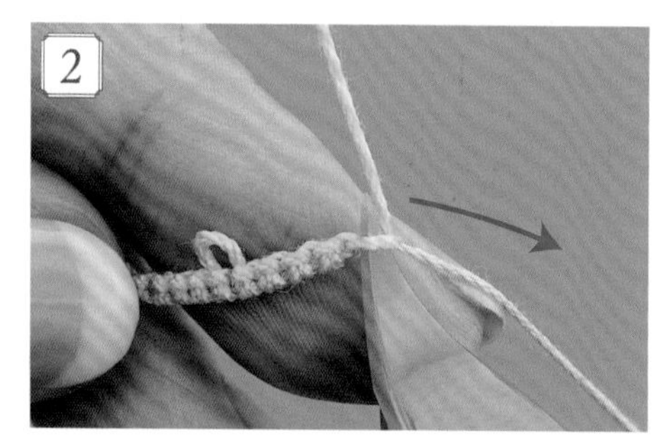

往右方拉動，鬆開結目。

將梭子穿入已鬆開的結目之中。

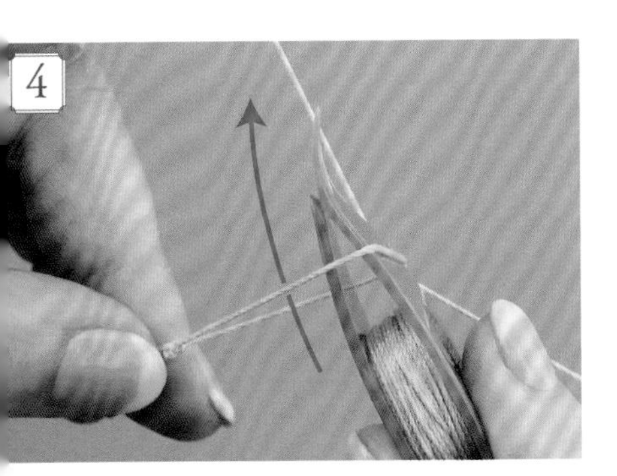

維持原狀直接鑽入梭子後，解開結目。

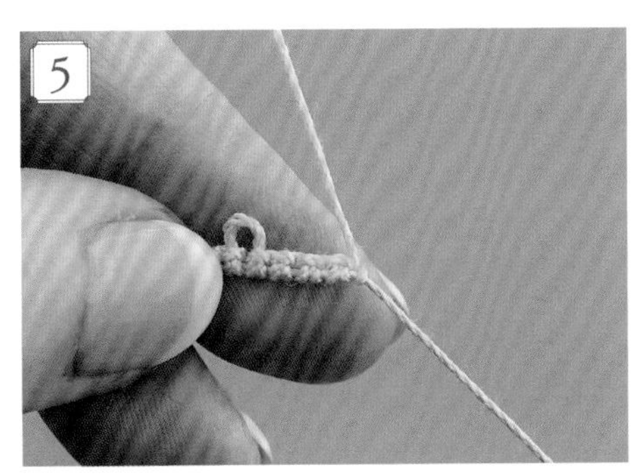

解開了半目。

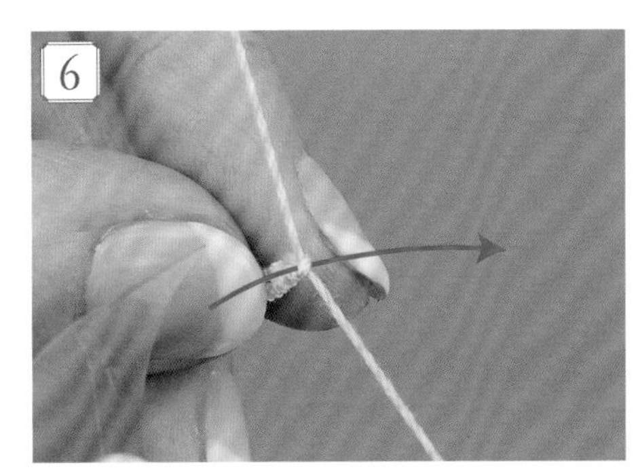

接著再將梭子的尖角依箭頭方向穿入結目中。

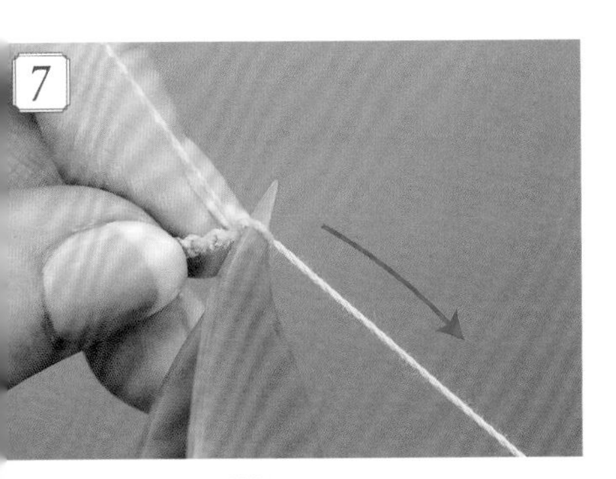

往右方拉動，鬆開結目。

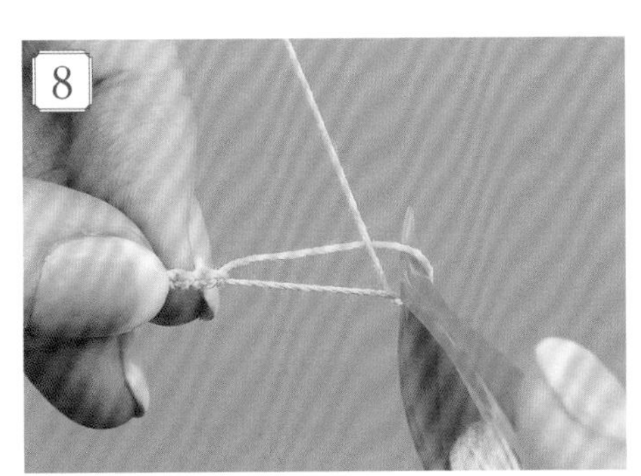

鬆開的模樣。

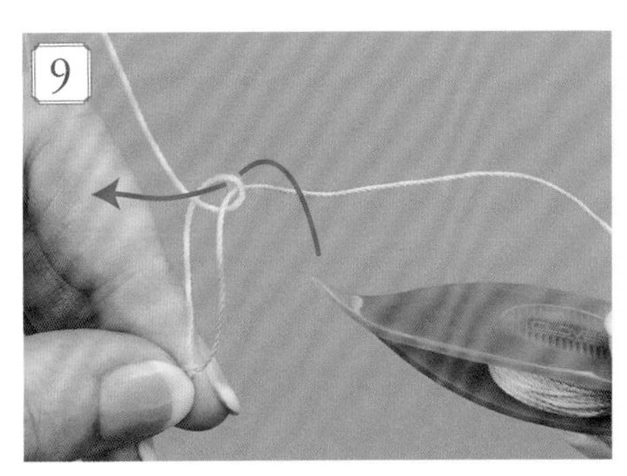

由結目中抽出梭子，並依箭頭方向，由外側重新穿入後，解開結目。

解開了1目。重複步驟1至9，逐一解開結目至編結錯誤之處。

環的情況

待拉緊環後才發現編結錯誤時，先將環的線圈擴大之後，再拆解結目。

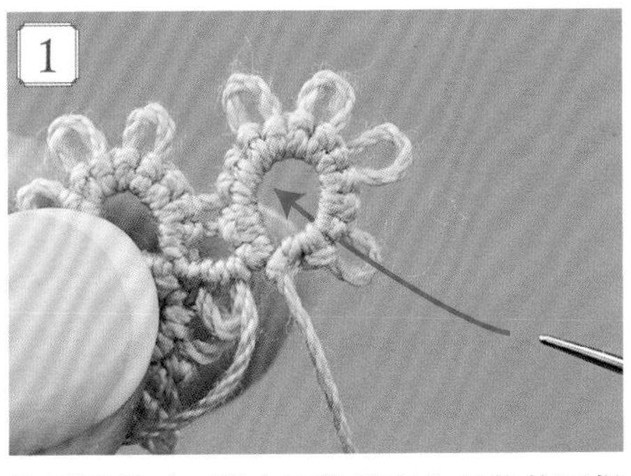

依箭頭所示，將十字繡針穿入最後的耳根部。

以針挑環的芯線。

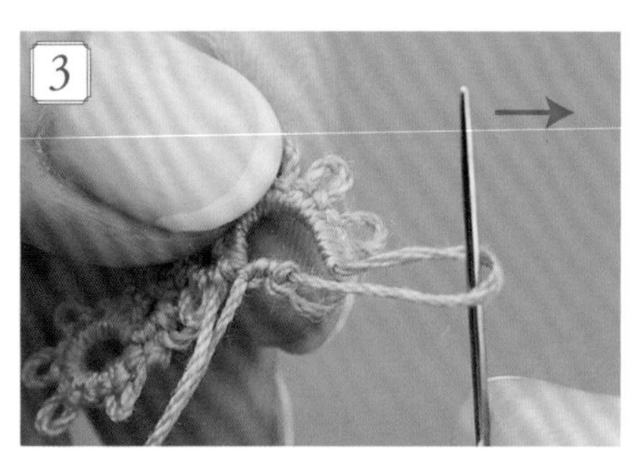

在豎直針的狀態下水平地橫向拉動，並將芯線拉長。

於下一個耳根部入針，挑芯線。

針呈水平地橫向拉動，將芯線拉長。

待芯線拉出至某種程度時，以右手食指＆大拇指拿著環根部的芯線。

將芯線往下拉，拉長擴大成線圈。再以解開架橋的相同方式，逐一解開結目。

※注意！

無論是無耳的環，或線圈拉得太緊，以致於無法拉出芯線的環，都無法解開結目。
在此情況下，可於環的中心處剪線，或解開結目後，以「旗結」（參照下述）接上新織線，重新編織環。

編結途中織線不足的接線要領

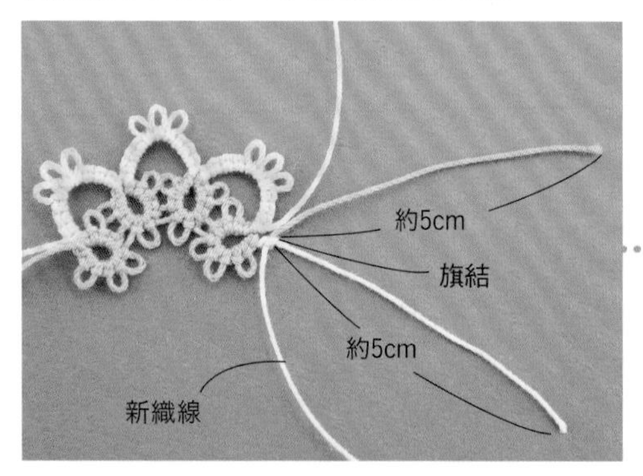

當剩餘的線端變短時，以旗結接上新織線。
※新織線的線端亦預留約5cm左右，打結。

於最後的結目邊緣進行旗結。

旗結

① ② ③ ④

結目拉得過緊時，難以解開的編結方法。

作品的最後處理

只要將完成的作品噴上熨斗用的噴膠，即可漂亮成形，並且預防變形。

作品背面朝上，噴上噴膠。

基礎花樣×飾品應用
令人著迷の梭編蕾絲小物設計

作　　者／sumie
譯　　者／彭小玲
發 行 人／詹慶和
總 編 輯／蔡麗玲
執行編輯／陳姿伶
編　　輯／蔡毓玲・劉蕙寧・黃璟安・李宛真・陳昕儀
執行美編／周盈汝
美術編輯／陳麗娜・韓欣恬
內頁排版／造極
出 版 者／Elegant-Boutique新手作
發 行 者／悅智文化事業有限公司
郵撥帳號／19452608 戶名：悅智文化事業有限公司
地　　址／220新北市板橋區板新路206號3樓
電　　話／(02)8952-4078
傳　　真／(02)8952-4084
網　　址／www.elegantbooks.com.tw
電子郵件／elegant.books@msa.hinet.net

2019年2月初版一刷　定價320元

Lady Boutique Series No.4391
TATTING LACE KOTOHAJIME

經銷／易可數位行銷股份有限公司
地址／新北市新店區寶橋路235巷6弄3號5樓
電話／(02)8911-0825　傳真／(02)8911-0801

sumie

深受母親的影響，自幼時開始便對手作抱持著濃厚的興趣。歷經嘗試各種不同的手工藝， 2006年接觸梭編蕾絲後，開始投入相關作品的創作。目前以O*Chouette（オ・シュエット）之名，於部落格&各種活動中發表新作，並開設梭編蕾絲的教室等。
http://www.ochouette.com

Staff

編輯／矢口佳那子　北原さやか
作法校閱／高橋沙絵
攝影／藤田律子（情境）
　　　腰塚良彥（步驟）
書籍設計／三部由加里
製圖／白井麻衣

國家圖書館出版品預行編目(CIP)資料

令人著迷の梭編蕾絲小物設計：基礎花樣×飾品應用 / sumie著；彭小玲譯. -- 初版. -- 新北市：新手作出版：悅智文化發行, 2019.02
　面；　公分. -- (樂・鉤織；23)
譯自：タティングレースことはじめ
ISBN 978-986-97138-5-6(平裝)

1.編織 2.手工藝

426.4　　108000544

Elegantbooks
以閱讀，
享受幸福生活

樂・鉤織 01

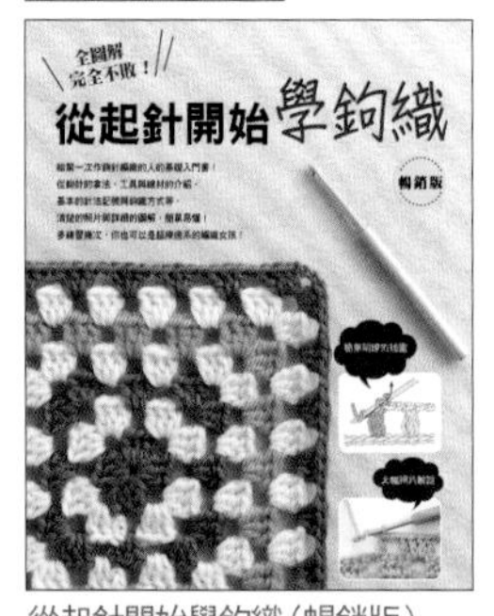

從起針開始學鉤織（暢銷版）

BOUTIQUE-SHA◎授權
定價300元

樂・鉤織 02

親手鉤我的第一件夏紗背心

BOUTIQUE-SHA◎授權
定價280元

樂・鉤織 03

勾勾手，我們一起學蕾絲鉤織

BOUTIQUE-SHA◎授權
定價280元

樂・鉤織 04

變花樣&玩顏色！親手鉤出
好穿搭の鉤織衫&配飾

BOUTIQUE-SHA◎授權
定價280元

樂・鉤織 05

一眼就愛上の蕾絲花片！
111款女孩最愛的蕾絲鉤織小物集（暢銷版）

Sachiyo Fukao◎著
定價280元

樂・鉤織 06

初學鉤針編織の最強聖典
（熱銷經典版）

日本Vogue社◎授權
定價350元

樂・鉤織 07

甜美蕾絲鉤織小物集

日本Vogue社◎授權
定價320元

樂・鉤織 08

好好玩の梭編蕾絲小物
（暢銷版）

盛本知子◎著
定價320元

樂・鉤織 09

Fun手鉤！我的第一隻
小可愛動物毛線偶

陳佩瓔◎著
定價320元

樂・鉤織 10

日雜最愛の甜美系繩編小物

日本Vogue社◎授權
定價300元

樂・鉤織 11

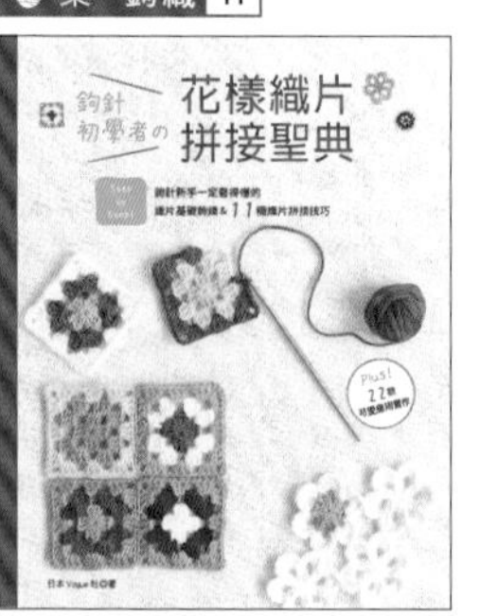

鉤針初學者の
花樣織片拼接聖典

日本Vogue社◎授權
定價350元

樂・鉤織 12

襪！真簡單 我的第一雙
棒針手織襪

MIKA＊YUKA◎著
定價300元

樂・鉤織 13

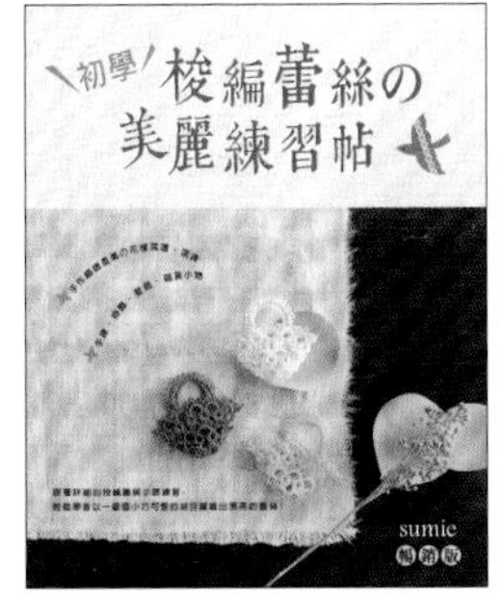

初學梭編蕾絲の
美麗練習帖（暢銷版）

sumie◎著

定價280元

樂・鉤織 14

媽咪輕鬆鉤！0至24個月的
手織娃娃衣&可愛配件

BOUTIQUE-SHA◎授權

定價300元

樂・鉤織 15

小物控愛鉤織！
可愛の繡線花樣編織

寺西恵里子◎著

定價280元

樂・鉤織 16

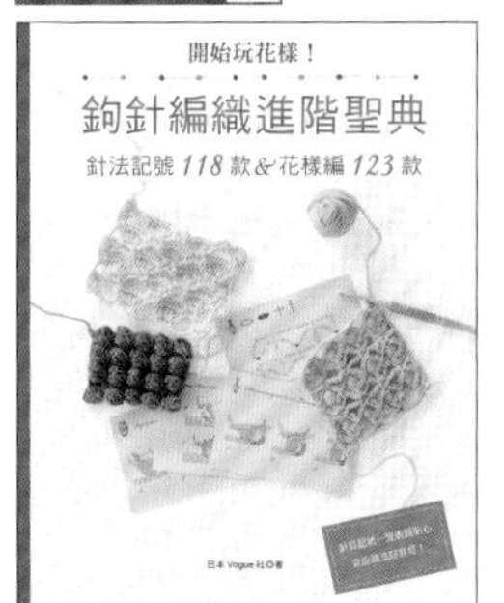

開始玩花樣！
鉤針編織進階聖典
針法記號118款&花樣編123款

日本Vogue社◎授權

定價350元

樂・鉤織 17

鉤針花樣可愛寶典

日本Vogue社◎著

定價380元

樂・鉤織 18

自然優雅・手織的
麻繩手提袋&肩背包

朝日新聞出版◎授權

定價350元

樂・鉤織 19

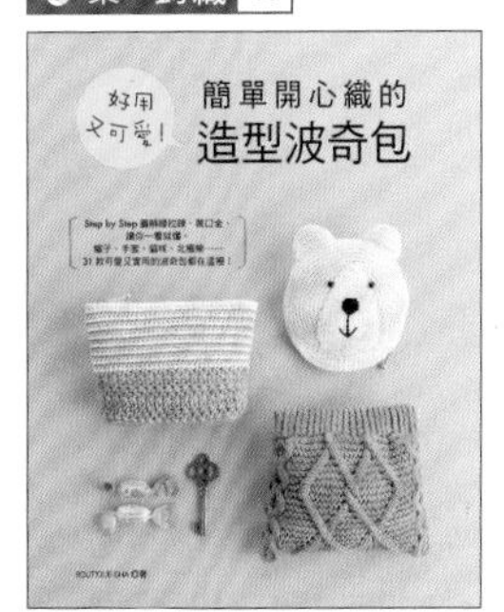

好用又可愛！
簡單開心織的造型波奇包

BOUTIQUE-SHA◎授權

定價350元

樂・鉤織 20

輕盈感花樣織片的純手感鉤織
手織花朵項鍊×斜織披肩×編結
胸針×派對包×針織裙……

Ha-Na◎著

定價320元

樂・鉤織 21

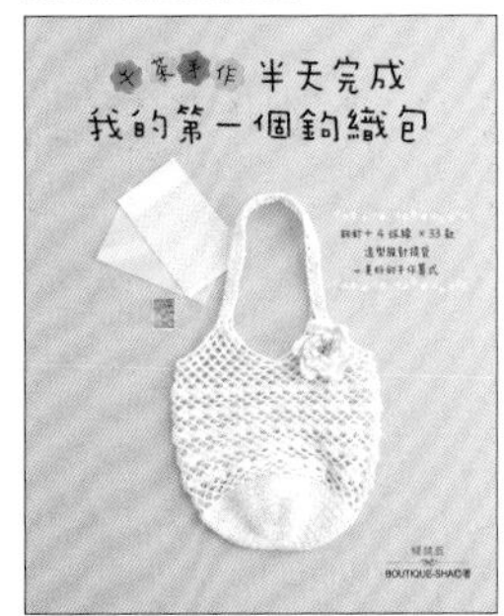

午茶手作・半天完成我的第一
個鉤織包（暢銷版）
鉤針+4球線×33款造型設計提
袋=美好的手作算式

BOUTIQUE-SHA◎授權

定價280元

樂・鉤織 22

手作超唯美の
梭編蕾絲花樣飾品

BOUTIQUE-SHA◎授權

定價350元